茶道

从喝茶到懂茶

CHA DAO

蓝戈 / 著

吉林美术出版社 | 全国百佳图书出版单位

前言

中国是茶的故乡，是制茶、品茶技术的发源地，距今已有几千年的历史。自神农氏尝百草发现茶的妙用起，茶历经数千载，见证了历代的更迭，历史的兴衰，拥有了深邃的底蕴和内涵。作为人们日常解渴不可或缺饮品的茶，逐渐包含了各地人们的风俗习性、思维情感。什么情况饮什么样的茶，什么茶是好茶，红茶、绿茶、黄茶有什么不同，红茶该怎样冲泡，绿茶该用什么茶具，普洱茶怎样鉴别，等等，渐成爱茶人士的爱好、谈资。品茗逐渐成为一门艺术。古代文人的七件宝“琴棋书画诗酒茶”，更是将茶与艺术门类并列。唐朝茶圣陆羽在此基础上，著就《茶经》一书，奠定茶艺基础，到明代散茶普及出现泡饮法，延续至今出现了更多的茶类和品茗技术，技巧越来越成熟，手法越来越优雅。

随着社会发展，中国茶艺逐渐深入社会各阶层，皇家有“贡茶”形成了宫廷茶艺；文人墨客作诗颂茶有文人茶艺；佛家参茶有寺院茶艺；老百姓品茶有茶馆，形成民俗茶艺。中国茶艺随茶叶走出国门，走向世界，闻名于世。

本书用言简意赅、通俗易懂的文字，为读者从茶的起源、四大产茶区、茶具的选择、择水的重要性、茶礼的基本姿势等方面给予了详细的介绍，使读者能对茶叶有初步的了解；重点阐述了中国名茶及不同的冲泡方式和鉴别方法，使读者别具慧眼识别真假优劣茶叶；配以精美的图片进行解说，力求直观呈现；并有茶博士对古今文人轶事、茶的保健功能、饮茶的禁忌人群、传说故事等茶文化的延伸，使本书别具趣味性。

本书内容完备、详尽实用、简洁易懂，帮助读者零起点从喝茶到懂茶，从入门到精通，做一个品茗达人。茫茫人海中，本书抛砖引玉，希望使读者能在浮躁、焦虑的生活中有一处静谧之地，取香茗、择好水、备好器、泡好茶、品尝之，达到恬淡清净、陶冶情操、修养身心的目的。如此足矣！

目录

第一章　一杯香茗：肌骨清，通仙灵

第二章　器具予茶增色：有茶与友同饮

第三章　雅事自古始：类以色分

第四章　道茶珍品，谓名茶之名

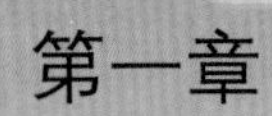

第一章

一杯香茗：肌骨清，通仙灵

泡茶，看似简单，实则不然，不仅需要高超的鉴赏能力，通过茶叶的色香味形判断茶叶的品质，更需要功夫，需要技艺，需要用心去泡。中国茶叶根据茶叶颜色不同分为绿茶、红茶、黑茶、黄茶、白茶、青茶六类。凡属上乘的茶品，都汤色明亮、有光泽。

观茶色：茶叶六色各不同

绿 茶

又被称为不发酵茶。因干茶颜色和冲泡后的茶汤、叶底以绿色为主调，所以称为绿茶。它以采摘适宜茶树新梢为原料，经杀青、揉捻、干燥等工艺过程制成的茶叶，因而绿茶尽可能保留了鲜叶内的天然物质。其中茶多酚、咖啡碱保留鲜叶的85%以上，叶绿素保留50%左右，维生素损失也较少，从而形成了绿茶“清汤绿叶，滋味收敛性强”的特点。科学研究结果表明，绿茶中保留的天然物质成分，对防衰老、防癌、抗癌、杀菌、消炎等均有特殊效果，为其他茶类所不及。绿茶名品最多，不但香高味长，品质优异，且造型独特，具有较高的艺术欣赏价值。绿茶汤色浅绿或黄绿，清而不浊，明亮澄澈。西湖龙井是绿茶的代表性品种，有“十大名茶之首”的美名。

绿茶，是我国产量最大的茶类，产区分布于各产茶省。其中浙江、安徽、江西三省产量最高，质量最好，是我国绿茶生产的主要基地。在国际市场上，我国绿茶占国际贸易量的70%以上。同时，绿茶又是生产花茶的主要原料。

红　茶

是完全发酵的茶，发酵程度达80%到90%。因其干茶颜色和冲泡后的茶汤以红色为主，所以称为红茶。以适宜制作红茶的茶树新芽叶为原料，经萎调、揉捻、发酵、干燥等工艺过程精制而成。全发酵的红茶性温，滋味甜醇，深秋后喝红茶可暖胃。在红茶中加入牛奶和糖，对脾胃虚弱的人很有好处。红茶汤色乌黑油润，若在茶汤周边形成一圈金黄色的油环，俗称金圈，更属上品。

红茶在我国分布广泛，种类多，其中工夫红茶和小种红茶为我国所独有。祁门工夫红茶以其悠久的历史、气味芳香、茶味醇厚而闻名，有“红茶皇后”的美誉，是茶叶的出口大户，占我国茶叶出口总量的一半。

黑　茶

是我国独有的茶叶品种。由于原料粗老，黑茶加工过程中一般堆积发酵时间较长，叶色多呈暗褐色，故称黑茶。此茶主要供一些少数民族饮用，藏族、蒙古族和维吾尔族群众喜好饮黑茶，是日常生活中的必需品。在加工工艺上，黑茶也有自己独特的工艺，其中云南普洱茶经炒制后，其品质可百年不变，因此被称为“可以喝的古董”。其茶味以醇厚为主要特色，如陈年美酒，越久越浓醇，“香陈九畹芳兰气，品尽千年普洱情”，与其他茶叶“贵在新”不同的是普洱“贵在陈”。

黄　茶

属轻发酵茶，由绿茶派生而来，比绿茶多了一道闷黄工序。闷黄工序中产生的消化酶对脾胃很好，并能促进脂肪代谢。消化不良、食欲不振和懒动肥胖的人可多饮黄茶。黄茶的显著特点是“黄叶黄汤”，上品呈金黄色，茶汤颜色鲜亮，如琥珀色的琼浆。黄茶根据新叶的老嫩程度可分为黄大茶、黄小茶和黄芽茶三类。其中洞庭湖的君山银针是最负盛名的黄芽茶。君山银针正面呈现淡淡的金黄色，背面分布着均匀的细绒毛，因此又被称为金镶玉。

青　茶

又称乌龙茶，是半发酵茶，茶叶色泽显得乌黑，茶性不寒不热。乌龙茶因本茶的创始人而得名，是我国独具鲜明特色的茶叶品类。乌龙茶的产生有一段传奇的故事。相传雍正年间，在福建省安溪县有一个茶农，也是打猎能手，叫苏龙，因他长得黝黑健壮，乡亲们都叫他“乌龙”。一年春天，乌龙腰挂茶篓，身背猎枪上山采茶，采到中午，一头山獐突然从身边溜过，乌龙紧追不舍，终于捕获了猎物，当天晚上乌龙和全家人忙于宰杀，已将制茶的事全然忘记了。第二天清晨，全家人才忙着炒制昨天采回的“茶青”。没有想到放置了一夜的鲜叶，已镶上了红边，并散发出阵阵清香，当茶叶制好时，滋味格外清香浓厚，全无往日的苦涩之味。后来乌龙用心琢磨与反复试验，经过萎凋、摇青、半发酵、烘焙等工序，终于制出了品质优异的茶类新品——乌龙茶。安溪也随之成了乌龙茶的著名茶乡了。

白　茶

茶叶是白色的，茶色也是白色的，这是因为人们采摘的芽叶细嫩、叶背多白茸毛，加工时不炒不揉，只经日晒或文火干燥，使白茸毛在茶的外表完整地保留下来，这就是它呈白色的缘故。白茶是我国的特产，它主要的特点是毫色银白，有“绿妆素裹”之美感，且芽头肥壮，汤色黄亮，黄中带绿，滋味鲜醇，叶底嫩匀。冲泡后品尝，滋味鲜醇可口，还能起药理作用。中医药理证明，白茶性清凉，具有退热降火之功效。白茶的主要品种有银针、白牡丹、贡眉、寿眉等。尤其是福建东北部地区的白毫银针，全是披满白色茸毛的芽尖，形状挺直如针，在众多的茶叶中，它是外形最优美者之一，名气最大。有研究显示，白茶具有抗病毒和明目的作用，糖尿病患者和体质易上火的人可以多饮白茶。

茶品种不同，茶叶颜色不同，茶汤的颜色也会因发酵程度的不同，以及焙火轻重的差别而呈现深浅不一的颜色。观茶汤有一个共同的原则，不管颜色深或浅，一定不能浑浊、灰暗，清澈透明才是好茶汤应该具备的条件。

观底色就是欣赏茶叶经冲泡去汤后留下的叶底色泽。除看叶底显现

的色彩外，还可观察叶底的老嫩、光滑还是粗糙、是否匀称干净等。一般情况下，随着温度的下降，汤的颜色会逐渐变深。在相同的温度和时间内，红茶汤色变化大于绿茶，大叶种的茶汤变化大于小叶种，嫩茶的茶汤变化大于老茶，新茶的茶汤变化大于陈茶。茶汤的颜色，以冲泡滤出后十分钟以内来观察较能代表茶的原有汤色。不过在比较的时候，一定要拿同种类的茶叶做比较。

茶博士TIPS

茶叶是大自然赐予人类的最健康的饮品，不但提神醒脑、预防三高，还有不同的养生效果。如绿茶具清热解毒功效，内火、虚热、炎症病变、消化道疾病者饮用绿茶较为适宜。白茶含有黄酮类天然物质，能保护肝脏，所以常饮酒的人可以适当喝些白茶。黄茶的加工程度介于绿茶和红茶之间，与绿茶清凉性寒和红茶的温热相比较，黄茶适宜任何人饮用。青茶的功用在于降脂养颜，被称为“美容茶”。黑茶普洱属于后发酵茶，有很好的助消化、去油腻的功效。

嗅茶香：一呼一吸得茶香

中国人爱好喝茶，茶是生活中的重要组成部分，沏的是茶，品的是生活。品茶之人，更是执着于察其色，闻其香，品其味。茶香的鉴赏一般有三闻。一是闻成品干茶的香气，即干闻；二是闻茶泡开后的本香，即热闻；三是要闻茶香的延续性，即冷闻。

干　闻

先闻干茶，干茶就是未经冲泡的茶叶。每一种茶都有特有的香气。如绿茶应清新鲜爽，像炒板栗香；红茶应浓烈纯正，像红心地瓜香；乌龙茶是花果香；花茶应芬芳扑鼻，主要是茉莉香；白茶是炒豆香。如果茶香低而沉，带有焦味、烟味、酸味、霉味、油臭味、陈味或其他异味者为次品。

热 闻

湿闻是将冲泡的茶叶，按茶类不同，经一至五分钟后，将茶杯送至鼻部，闻茶汤面发出的茶香；如果茶杯有盖，则可闻盖香和面香；如果用闻香杯作过渡容器，还可闻杯香和面香。

随着茶温的降低，茶香还有热闻、温闻之分。热闻的重点是辨别香气是否正常，香气属于哪种类型，以及香气是高还是低；而温闻重在鉴别茶香的雅与俗，即优品与次品。一般说来，绿茶有清香鲜爽感，甚至有果香、花香者为佳品；红茶以有清香、花香为上，尤以香气浓烈、持久者为优；而花茶则以具有清纯芬芳者为上品。

热闻的办法有三种，一是从弥漫的水汽中闻香，二是闻杯盖上的香气，三是闻香杯细闻杯底留香。茶香与所用原料的鲜嫩程度和制作技术的高下有关，原料越细嫩，所含芳香物质越多，香气也越高。

嗅香气的时间要掌握好，五分钟左右就开始嗅香气，最适合嗅茶叶香气的叶底温度为45℃～55℃，超过此温度时，感到烫鼻；低于30℃时，茶香低沉，特别对染有烟气、木气等异味者，不容易辨别。

冷　闻

茶汤冷却后可冷闻，这时可以闻到原来被茶中芳香物掩盖着的其他气味。冷闻用来判断茶叶香气的持久程度。质量上乘的茶叶，香气越高越持久。

嗅香气时一般用左手握杯，靠近杯沿用鼻趁热轻嗅或深嗅杯中叶底发出的香气，也有将整个鼻部深入杯内，接近叶底以扩大接触香气面积，增加嗅感。质量好的茶一定是香的，茶叶品质的高低，与香味关系密切。香味越醇正，品质越高，市场价格相应的也越高。

茶博士 TIPS

中国人从茶叶的奇特芳香中所得到的享受，是世界上绝无仅有的。事实上，不管是哪种茶叶，刚采制下来的新鲜的叶片，人们最先闻到的不是茶香，而是青嗅气。由青嗅变得醇香，是一个神奇的变化过程，这正是茶叶生产的魅力。

品茶味：静心品得真滋味

除了茶香可用来判断茶叶的优劣外，口感也是判断茶叶优劣的另一个重要标准。茶汤入口，由嘴吸气，让茶汤在舌头表面旋转，茶味布满整个口腔，由舌头判别茶水的感觉。舌头的不同位置感应到的味觉不同，舌尖可感应到甜，舌根会感应到苦味，舌两侧对酸味比较敏感。

茶汤的味道

茶汤入口，喝起来稍微有点苦，入喉后回味，感觉甜润、生津、醇厚、鲜爽，口齿留香的就是好茶。茶水如有很浓的青草味、青涩味、焦味、霉味等其他不正常的异味则是变质茶、劣质茶等。禅茶方面的书籍中有："若是口鼻吃茶，只尝得苦，回得甜、闻得香，只有以心饮茶者，方能于静品细咂中体味出'清'字。"品茶到了"以心品茶"的层次，有了"苦尽甘来"的感受，到了"茶味唯有方寸知"的境地，或许近了"茶道"。

茶汤的温度

茶汤的温度与口感有直接的关系。品茶汤

时，需要适宜的温度，一般是50℃左右，如果超过70℃，可能会因过热而让舌头麻木严重的还可能烫伤，影响对茶汤的正确品味；如果水温太低，则会因为过于清冷而无法品味茶汤。另外，较低温度的茶汤，溶解在热汤中的物质逐渐被析出，茶汤变得不协调，品评可能会有偏差。

品茶的方法

品味茶汤时，以五毫升左右较为适宜，如果满口都是汤，在口中难以回味滋味；过少时会觉得嘴里空旷，不利于辨别。品茶，讲究小口小口地喝，才称为“品”。

品味的时间要掌握好，五毫升的茶汤四秒钟在舌口中回旋两次，一杯茶品味三口即可。如果需要再品其他茶，为了更精确的比较味道，最好以温开水漱口，把舌苔上高浓度的黏滞物冲去后再品，才不会麻痹味觉达不到评比的目的。

品茶汤时，速度不能太快，很自然地吸入，也不能太用力吸，否则会加大茶汤流动的速度，导致茶汤从齿间缝隙进入口腔，使齿间的食物残渣被吸入口腔，与茶汤混合，增加异味，不容易正确的评出滋味来。

茶汤的滋味包括浓淡、强弱、爽涩、刺激性、收敛性、活力、回味等特质。

茶有千味，适口者珍

我国茶叶种类繁多，如果每样茶都去品尝，时间久了，味蕾受影响，即使碰到好茶，也未必能品尝得出。那么如何辨别哪种茶适合自己呢？茶有千种，适口者珍，从适合自己口味的品类里挑选一种最喜欢的，这是“返璞归真”，也是相信自己的身体给予的信息，我们的身体本就是“去粗存精，去伪存真”的高灵敏度仪器，只是有时种种科学数据好像在引导我们使我们渐渐忽视了自我的本来感觉。

茶有千味，适口者珍，品茶如此，其他方面也是如此，工作也好，恋爱也好，婚姻也罢，适合的就是最好的。

茶博士 TIPS

茶的滋味，口说不出，耳听不见，如同鞋子合不合脚只有自己去尝试一样，茶适不适合，需要自己去品尝。茶的品尝需要心静、恬淡、平和，心越静，茶香越浓醇。就在此时此刻，手执香茗，心静如水，人淡如茶，浮沉人生，清凉世界，谢绝繁华，回归质朴。

赏茶形：百态千姿以悦目

观茶形主要是观察干茶和茶叶泡开后的形状变化。茶叶的外形因种类不同而呈现各种形态，有扁形、针形、螺形、眉形、珠形、球形、半球形、片形、曲形、兰花形、雀舌形、菊花形、自然弯曲形等优美的形态。而茶叶泡开后，会产生各种变化，或快或慢，上下浮沉，如曼妙的舞姿，逐渐展露原本的形态，令人心情舒畅、浮想联翩。

观察干茶形状

观察干茶首先看茶叶的干燥程度，干燥程度好的茶叶，用手指一捻就会成碎末。如果有点回软，则干燥程度不够，就不建议购买。

其次看茶叶的叶片是否整洁，以匀整为好，断碎为次。看茶叶是否混有茶片、茶梗、茶末、茶籽和制作过程中混入的竹屑、木片、石灰、泥沙等夹杂物的多少。

最后，要看干茶的外形，主要看其嫩度、条索、色泽。一般嫩度好的茶叶，外形会光、扁、平、直。条索是指茶叶揉捻成的形态，各类茶都具有一定的外形规格，如炒青条形、珠茶圆形、龙井扁形、红碎茶颗粒形等。一般长条形茶，看松紧、弯直、壮瘦、圆扁、轻重；圆形茶看颗粒的松紧、匀正、轻重、空实；扁形茶看平整光滑程度和是否符合规格。茶叶色泽与原料嫩度、加工技术有密切关系。各种茶均有一定的色泽要求，如红茶乌黑油润、绿茶翠绿、乌龙茶青褐色、黑茶黑油色等。但是无论何种茶类，好茶均要求色泽一致，光泽明亮，油润鲜活，如果色泽不一，深浅不同，暗而无光，说明原料老嫩不一，做工差，品质劣。

茶叶因品种不同，制作方法不同，采摘的时间和标准不同，因而呈现不同的形态，特别是一些细嫩名茶，大多采用手工制作，形态更加五彩缤纷，千姿百态。

1.针形——外形圆直似针，如白毫银针、黄茶中的君山银针等。

2.扁形——外形扁平挺直，如西湖龙井、茅山青峰、安吉白片、旗枪等。

3.条索形——外形呈长条状稍弯曲，如紫阳毛尖、庐山云雾、工夫红茶等。

4.螺形——外形卷曲似螺，如碧螺春、高桥银峰等。

5.兰花形——外形似兰，如太平猴魁、兰花茶等。

6.片形——外形呈片状，如六安爪片、齐山名片、秀眉等。

7.束形——外形成束，如江山绿牡丹、婺源墨菊等。

8.圆珠形——外形如珠，如泉岗辉白、涌溪火青等。

9.团块形——外形如团块，如沱茶、七子饼茶、金尖茶等。

此外，还有半月形、卷曲形、单芽形等，茶的外形如精美的艺术造型，能使赏茶者产生美的想象。

观察开汤的茶形

茶叶经冲泡后，形状会发生很大的变化，有的会复原茶叶原来的自然状态，特别是一些名茶，因嫩度高，芽叶成朵，在茶水中亭亭玉立，婀娜多姿；有的则是芽头肥壮，芽叶在茶水中载沉载浮，旗枪林立。茶杯内满目翠绿，晶莹透亮，茶汤随着茶叶的运动而徐徐展色，逐渐由浅入深，由于茶的种类不同而形成绿色、黄色、红色等。随后全部沉至杯底，清亮鲜绿的叶片透出种种茶韵。

茶博士 TIPS

绿茶、红茶、黄茶、白茶多属于芽茶类，一般是由细嫩的芽茶精制而成。而乌龙茶（青茶）属于叶茶，采青时一般要到长出驻芽后的一芽三开片才采摘，所以制成的成品茶显得“粗枝大叶”。但在茶人眼中，乌龙茶也有乌龙茶之美。例如安溪“铁观音”即有“青蒂绿腹蜻蜓头”“美如观音重如铁”之说；武夷岩茶则有“绿叶红镶边”的美称。

第二章

器具予茶增色：有茶与友同饮

古语有“好马配好鞍，好茶需好器”之说，又有器为茶之父，可见器具不仅仅是盛放茶汤的容器，更是是品茗艺术中不可或缺的一部分。造型美观、质地高雅、工艺精巧的茶具，可以衬托茶汤，让茶香更持久，同时也提高了品茗的情趣。品茗离不开茶具，古人为了获得更大品茗乐趣，非常讲究茶具的精美、雅致，发展到今天，茶具品种越来越多，质地越来越优良。

茶 壶

茶壶是主要的泡茶器皿，是茶具的重要组成部分。茶壶由壶盖、壶身、壶底、圈足四部分组成，壶盖有孔、钮、座、盖等细部；壶身有口、延（唇墙）、嘴、流、腹、肩、把（柄、扳）等部分。由于壶的把、盖、底、形的细微差别，茶壶的基本形态有近200种；泡茶时，茶壶大小依饮茶人数多少而定。茶壶的质地很多，使用较多的是以紫砂陶壶或瓷器茶壶。

茶壶是茶具的主体，那么好茶壶的挑选至关重要，可以从以下几个方面来考查：

1. 美感。依个人喜好而定，不必一定遵循流行的样子。

2. 质地。主要是能配合冲泡茶叶的种类，将茶的特色发挥得淋漓尽致。质地主要指胎骨及色泽，胎骨坚硬、色泽润滑最好，将壶放于手掌上，轻拨壶盖，听壶声，以铿锵轻扬为最佳；音响迟钝，劲道不足，导热效果稍差，总之壶音以听来悦耳为好。

3. 壶味。新壶也许会略带瓦味，这个不要紧。如果带火烧味或其他杂味，如油味或人工着色味则不宜选取。

4. 精密。指壶盖与壶身的紧密程度，密合度越高越好。测定方法是注水入壶二分之一至三分之一，正面手压气孔再倾壶倒水，滴水不出则表明精密度高，或手压流口再反倒壶身，若壶盖不落也表明精密度高。

5. 出水。壶嘴的出水要流畅，不淋滚茶汁，不溅水花。

6. 重心。壶把的力点应位于壶身受水时的重心。测定方法是注水入壶约四分之三，然后水平提起再慢慢倾壶倒水，若觉得顺手则佳，反之如果须用力紧握，或持壶不稳则不太好。

7. 茶壶要能适应冷热急遽变化，不渗漏，不易破裂。

煮水器

煮水器是用来烧开泡茶用水的器具，古代用风炉，现代的煮水器有不锈钢、铁、陶、耐高温的玻璃等质地，热源有电热炉、电磁炉、酒精加热炉等。目前常用的为随手泡。

随手泡是由台湾传入大陆的，是用电来烧水的茶具，因为可以随时加热烧水，既方便快捷又实用安全。随手泡的壶体和加热是一体的，壶身的材质有不锈钢、玻璃、陶瓷等，大多为电磁炉式和电热炉式，非常耐用。

随手泡非常智能，水烧开后，能源开关会自动断开，当水温降至83℃左右时，开关会自动打开加温。当水位降至壶身四分之一时，开关

会自动断开，停止加热，保证壶体不干烧。随手泡的能源座位设有排水孔及隔水环，即使不慎溢水也能自动排水，不至能源系统沾水受影响。随手泡已经成为家庭、茶馆泡茶的主要用具。

茶　杯

是盛茶水的用具，水从茶壶而来，倒进茶杯，之后给客人品尝茶水。茶杯分大小两种：小杯主要用于乌龙茶的品饮，也叫品茗杯，是与闻香杯配合使用的；大杯也可直接作泡茶和盛茶用具，主要用于高级细嫩名茶的品饮。

茶杯的选择注意四个字：小、浅、薄、白。小则一饮而尽；浅则水不留底；色白如玉用来衬托茶的颜色；质薄如纸以使其得以出茶香。

茶杯多由瓷器或紫砂陶制作，也有用玻璃制作的。用玻璃杯直接冲泡茶叶，有极高的观赏性。

茶 盘

又称茶船，是用来盛放茶壶、茶杯、茶道组、茶宠乃至茶食的浅底器皿。它没有统一的形状，可大可小，可方可圆，也可以是扇形。茶盘有单层也有夹层的，单层以一根塑料管连接，排出盘面的废水，但茶桌下仍需要一桶盛废水。夹层的可以用来盛废水，可以是抽屉式，也可以是嵌入式。茶盘选材广泛，金、木、竹、陶都可以，其中以金属茶盘最为简便耐用，以竹制茶盘最为清雅相宜。此外还有檀木、红木的茶盘，如绿檀、黑檀茶盘等。

茶道六用

茶道六用，也称“茶道六君子”，指的是茶筒、茶夹、茶漏、茶匙、茶则、茶针六件泡茶工具的总称。

茶筒，用来放置茶夹、茶漏、茶匙、茶则、茶针。

茶夹，又称“茶筷”，温杯以及需要给别人取茶杯时夹取品杯。

茶漏，置茶时放置壶口，以免干茶外漏。

茶匙，一端弯曲，用来投茶入壶和自壶内掏出茶渣。

茶则，又称“茶勺”，为盛茶入壶之用具，一般为竹制。

茶针，用于疏通壶嘴，保持水流畅通，以免茶渣阻塞，造成出水不畅。

过滤网和滤网架

过滤网又名茶漏，泡茶时放在公道杯上，用来过滤茶渣，不用时放在滤网架上。泡茶后，用过的滤网应及时清洗。过滤网的材质多选用不锈钢、陶、瓷、葫芦瓢、木、竹等。使用过滤网是为了防止碎茶叶末流入杯中，影响茶水的口味和品质。

滤网架是用来放置滤网的器具，有瓷、不锈钢、铁等质地。铁质的滤网架容易生锈，最好选择瓷、不锈钢质地的滤网架。如果选择铁质的滤网架，要及时清洗、擦干，不宜长时间浸泡在水中。

壶承

又名壶托，是专门用来放置茶壶的器具。可以承接壶里溅出的沸水，让茶桌保持干净。通常有紫砂、陶、瓷等质地，与相同材质的壶配套使用，也可以随意组合。壶承有单层和双层两种，多数为圆形，有的增加了一些装饰变化的圆形。

盖置

盖置用来放置壶盖，目的是预防壶盖上的水滴滴到桌面上，或是接触到桌面而显得不卫生。所以多采用“托垫式”的盖置，且盘面应大于壶盖，并有汇集水滴的凹槽。盖置的材质一般有紫砂质、瓷质、竹质、木质等。

杯垫

又名杯托，用来放置茶杯或是垫在杯底防止茶杯烫伤桌面。一般选用竹、木、瓷、布等制作。使用后要及时清洗并通风晾干，以免出现裂痕。

闻香杯

用来闻香，比品茗杯细长，是乌龙茶特有的茶具，多用于冲泡台湾高香的乌龙时使用。与饮杯配套，质地相同，加一茶托则为一套闻香组杯。

闻香杯一般用瓷的比较好，因为用紫砂的话，香气会被吸附在紫砂里面，但从冲泡品饮其内质来说，是紫砂好，如果是闻香杯只用于闻香气，最好用瓷的。

茶　荷

又名赏茶荷，是盛放用来沏泡的干茶样，茶荷兼具赏茶的功能，茶艺表演中用来欣赏干茶。在用茶荷盛放茶叶时，泡茶者的手不能碰到茶荷的缺口部位。请客人赏茶时，拇指和其余四指捏住茶荷两侧，放在虎口处，另一只手托住茶荷和底部。

盖　碗

又称三才杯。所谓三才即天、地、人。茶盖在上称为天，茶托在下称为地，茶碗居中称为人，蕴含天地人和之意。用盖碗品茶时，杯盖、杯身、杯托三者不应分开使用，否则既不礼貌也不美观。品饮时，揭开碗盖，先嗅其盖香，再闻茶香。饮用时，手拿碗盖撩拨漂浮在茶汤中的茶叶，再饮用。盖碗有汝窑盖碗，青花瓷盖碗等。

茶　刀

在普洱茶中常用，所以又名普洱刀。用来撬取紧压茶的茶叶，是冲泡紧压茶时的专用器具。质地有竹制茶刀、金属茶刀、牛骨茶刀等，金属的最为常见。

使用方法是把茶刀从茶饼侧面插入茶饼，顺着茶叶的条索方向向上慢慢用力，然后用拇指按住撬起的茶叶取茶。

茶　海

又名茶盅、公道杯、母杯，用来将冲泡好的茶汤均匀分给客人，它的作用在于公道，使每杯茶的浓度厚薄一致，无有偏私，不管是高官显贵还是布衣百姓，在同一盏茶海面前，地位都是平等的。

废水桶

在泡茶过程中用来盛放废水、废渣的器具。使用前，确保疏导管连接茶盘和废水桶，不要漏水。使用过程中，要注意疏导管的畅通，以免导管堵塞。使用后，要及时清洗，以免产生大量的茶渣和茶垢。废水桶的材质有塑料、木、竹制等。一般选择金属材质的，耐用又便于清理。

养壶笔

形状像毛笔，和紫砂壶配套使用，刷洗紫砂壶外壁，是养壶及护理高档茶盘的专用笔。笔头用动物鬃毛精制而成，不伤壶，养壶无死角，握柄舒适。用养壶笔保养过的壶泡出的茶汤和一般紫砂壶所泡有很大不同，茶的原味原香保存最佳。

茶　巾

又称为茶布，用来擦拭泡茶过程中茶具上的水渍、茶渍，尤其是茶壶、品茗杯等的侧部、底部的水渍和茶渍。饮茶时要放在茶盘和泡茶者之间。

需要注意的是，茶巾只能擦拭茶具，而且是擦拭茶具饮茶、出茶汤以外的部位，不能用来清理泡茶桌上水渍、茶渍、污渍、果皮等物。

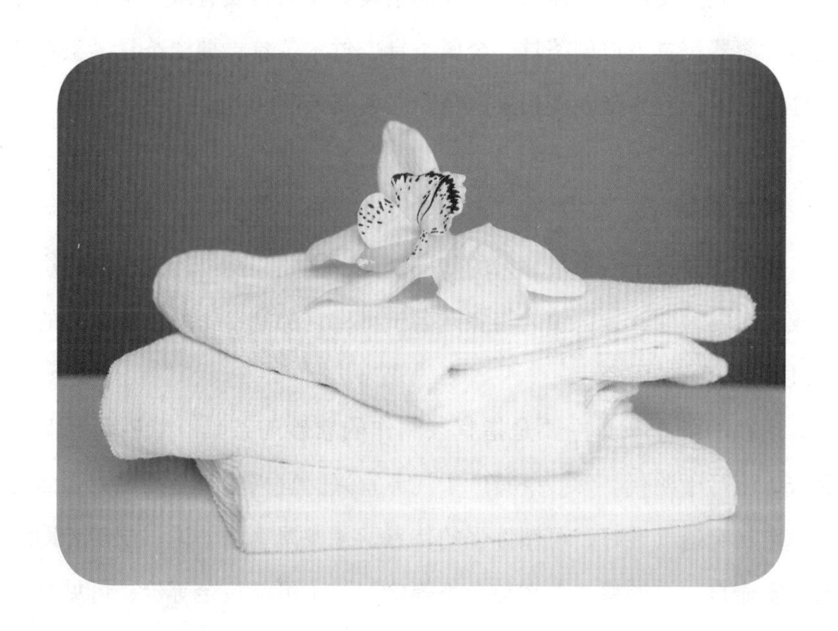

茶　宠

多数以紫砂陶制作，喝茶时用茶汤涂抹或用剩茶水直接淋漓，日久天长，茶宠会变得温润有光泽，有灵性。其造型千姿百态，有动物造型如小猪、小狗，也有人物造型如弥勒佛、童子等。泡茶、品茶时，和茶桌上的“茶玩”一起分享甘醇的茶汤，别有一番情趣。

茶具的材质

中国茶具种类繁多，因材质不同而呈现千姿百态的造型，既实用又具有鉴赏价值，为历代品茗者所钟爱。茶具一词最早出现在汉代，至隋唐时人们逐渐使用金银器具，现代的茶具主要的材质有陶土茶具、瓷器茶具、漆器茶具、玻璃茶具、金属茶具、竹木茶具、搪瓷茶具、玉石茶具等。其中，宜兴紫砂壶和景德镇瓷器名闻天下。

陶土茶具

陶土茶具属于一种最原始的陶瓷制品，主要采用易熔黏土加热烧制而成。明朝时期，景德镇的陶瓷闻名于世，它的制造工艺已由原先的粗陶过渡到较细的陶瓷。

现在的陶土茶具主要是指宜兴制作的紫砂陶茶具。紫砂壶起源于北宋，流行于明代。紫砂茶具产于江苏宜兴，宜兴的陶土因黏力强而抗烧，它具有透气性好、可塑性强的特点。《桃溪客语》说“阳羡（即宜兴）瓷壶自明季始盛，上者与金玉等价。”土可与黄金等价，可见其名

贵。烧制出来的紫砂茶具造型一般比较古朴粗犷，大气沉稳，颜色较深，表面略粗糙，胎厚，气孔多，传热慢，保温性好。

用紫砂茶具泡茶，即不夺茶真香，又无熟汤气，能较长时间保持茶叶的色、香、味，被称为“世间茶具之首”。紫砂壶的冷热稳定性极好，甚至可以直接放在火上煮茶，可伸缩，不宜变形，不宜炸裂。壶身散热慢，不烫手。

紫砂壶造型多样，有几何造型、自然造型、筋纹造型等。

瓷器茶具

我国瓷器茶具生产在陶器茶具之后，使用高岭土高温烧成，表面光洁透亮，胎薄致密，气孔少，吸水率低，传热快，保温性适中，泡茶能获得较好的色香味。瓷质茶具的质感细腻、坚硬、细密、光滑。有人形容瓷器茶具“声如磬，白如玉，薄如纸，明如镜”。瓷质茶具给人华丽大气、高贵奢华的韵味，与陶制茶具的质地淳朴大方的韵味恰恰相反。瓷器产品分为白瓷茶具、青瓷茶具和黑瓷茶具等。

白瓷茶具因为色白如玉而得名。产地很多，有江西景德镇、四川大

邑、河北唐山、安徽祁门等，其中江西景德镇的产品最著名。

青瓷茶具，始于晋代，主要产于浙江、四川等地。

黑瓷茶具，产于浙江、四川、福建等地，宋代斗茶之风盛行，福建（古时称建安）所产的茶盏颜色绀黑，古朴雅致，瓷制厚重，保温性能好，适合斗茶而驰名。

因瓷器茶具致密，对茶味的反映不偏不倚，真实公正。因此，瓷器是适用最广泛的茶具，所有的茶都可以冲泡，不失真香真味，最适宜“发香”，在茶具界拥有很高的地位。

漆器茶具

漆器茶具始于清代，以福建为主要产地。福州的漆器茶具款式多样，特别是创造了红如宝石的“赤金砂”和“暗花”等新工艺后，更加鲜丽夺目，惹人喜爱。漆器茶具具有耐温、耐酸的特点，拥有很强的使用价值。

玻璃茶具

玻璃茶具，以它的质地透明、光泽夺目，外形可塑性大，形状各异而受人青睐。如果用玻璃茶具冲泡，如龙井、碧螺春、君山银针等名茶，就能充分发挥玻璃器皿透明优越性，令人赏心悦目，别有一番风趣。玻璃器具的缺点是容易破碎，单层的会比较烫手。

金属茶具

用金、银、铜、锡等金属制作的茶具，尤其是锡作为贮茶器具材料，有较大的优越性。锡罐多制成小口长颈，盖为筒状，比较密封，因此对防潮、防氧化、防光、防异味都有较好的效果。金属茶具具耐腐性、可塑性、不易破碎。在古代，金、银茶具被视为富贵的象征，在皇室中较为常用。但造价较昂贵，一般老百姓无法使用。

竹木茶具

历史上，在广大农村和产茶区，多使用竹或木碗泡茶，它价廉物美，经济实惠，来源广，制作方便，对茶无污染，对人体又无害，但是不能长时间使用，无法长久保存，失却文物价值，所以现代已很少采用，只是用木罐、竹罐装茶。作为艺术品的黄阳木罐和二簧竹片茶罐，既是一种馈赠亲友的珍品，也有一定的实用价值。

玉石茶具

玉石茶具是用玉石雕刻而成的茶器，质地细腻光滑，温润有形，且造价昂贵，传热保温效果一般，它更多的时候作为饮茶文化的一种艺术藏品，在生活中很少使用。

木鱼石茶具

木鱼石茶具是用整块木鱼石石块做成的茶具。木鱼石是一种罕见的石头，可以预示吉祥、辟邪，而且还是一种矿物质，经常使用可以达到保健养生等功效，其光泽比玉还亮，质地细滑均匀，易清洗。木鱼石茶具通透性特强，耐腐蚀性强，而且对茶叶吸附性较强。常用木鱼石茶具品茗对健康非常有好处。

茶博士TIPS

茶具在茶文化中是点睛之品，在茶友眼中更是一种艺术。茶具不仅盛载香茗，让我们品香茗，而且也盛载着茶之道，让我们静心、凝神。有爱茶之人说茶道的三重境界：初识茶道，茶亦茶，壶亦壶；略知一二时，茶不是茶，壶不是壶；参透茶道，茶亦茶，壶亦壶。

第三章

雅事自古始：类以色分

中国是茶叶大国，不仅茶园面积宽广，而且茶的品种特别多。最常见的分类方法是根据茶加工方法的不同将茶分为绿茶、红茶、乌龙茶、白茶、黄茶、黑茶六大类。这六大茶类被称为基本茶类。和基本茶类对应的是再加工茶，即在六类茶的基础上再次加工制成的茶叶品种，如花茶等。本书按照大众喜闻乐见的形式依次介绍绿茶、红茶、青茶、黑茶、黄茶、白茶、花茶。

绿茶：绿叶清汤，百茶之首

绿茶即不发酵茶，指采取茶树的新叶，不经发酵，只经过杀青、揉拧以及干燥等典型的工艺过程而制成的茶叶。因茶叶颜色和茶汤多为如鲜茶叶一般的绿色而得名。品饮绿茶以新茶为贵，绿茶叶色泽绿润，香气馥郁高长，汤色绿而清澈，滋味鲜爽。绿茶被公认为历史上最早的茶，是我国非常重要的一个茶类，不仅产量多，而且运用范围也非常广泛。

绿茶溯源

古人采集野生茶树的芽、叶，将之晒干、收藏，被视为绿茶加工的开始，根据文字记载，绿茶最早起源于“巴地”，即川北、陕南一带。《华阳国志》中记载，武王伐纣时，巴人曾献茶，因此可以推断，绿茶

种植至少有三千多年的历史。

两晋南北朝时期，人们将散装茶叶和米膏一起制成茶饼，称为晒青茶，直至初唐。后来蒸青饼茶因去除了晒青工艺中难以去除青草之味取而代之，成为绿茶的主要形式。宋朝时期，蒸青饼茶被蒸青散茶替代，与晒青茶饼共存。从明朝开始，出现了炒青技术，已经接近现代炒青绿茶制法。

唐宋时期，饼茶盛行一时，相对于饼茶，不需任何压制成型的，就是散茶，也就是现在我们常见的茶叶。散茶细嫩，芽叶完整。明太祖朱元璋下诏“罢造龙团（即饼茶），惟采茶芽以进”后，散茶才开始流行开来，直至现在。

绿茶的形状

绿茶是中国茶叶中最大的茶类，有很多名品，如西湖龙井、碧螺春、信阳毛尖、六安瓜片等。这些名茶，历史悠久，造型独特，不但香高味长，也具有极大的艺术欣赏价值，就像茶中的佳人，熠熠生辉，令人难忘。在所有茶类中，绿茶的形状最多，不同绿茶的外形各不相同。

针形：形似松针，又直又圆，芽叶抱得紧紧的。如安化松针。

扁平形：扁平、挺直，制作中将其压扁，形成扁形。如龙井茶。

片形：外形松散、平直，茶叶为一片一片的绿茶。如安徽六安瓜片。

曲螺形：卷曲紧抱，茶上多毫，外形像螺，如碧螺春。

兰花形：如兰花形态，自然舒展，芽叶完整，如太平猴魁。

绿茶的制作

绿茶的加工包括杀青、揉捻、干燥三个主要步骤，杀青对绿茶的特性起着关键性的作用。杀青包括热蒸气杀青和加热杀青，现在多采用加热杀青的方法。通过高温作用，破坏鲜叶中酶的活性，制止多酚类的酶促氧化，让绿茶叶绿汤绿。

接下来是采用揉捻的方法塑造绿茶的外形。通过外力作用，使叶片揉破变轻，然后卷转成为条状，体积变小之后就便于冲泡了。

最后是干燥，目的是蒸发掉其中的水分，并且进一步整理外形，充分发挥其中的茶香。

绿茶品种

绿茶的品种很多，而且香高味长，造型独特，品质优异，具有很高的艺术欣赏价值。按照制作工艺的不同，绿茶分为炒青、烘青、晒青以及蒸青四种。

炒青绿茶即绿茶初制时，经（用铁锅加热炒干）杀青、干燥而成的绿茶，炒青绿茶有“外形秀丽，香高味浓”的品质特征，常见的炒青绿茶有龙井茶、碧螺春等。

烘青绿茶是最后一道工序—干燥，采用烘笼或是烘干机机械烘干。炒青绿茶茶叶的芽叶较完整，外形松散，滋味鲜醇，香气清高，常见的烘青绿茶有黄山毛峰、高桥银峰等。

晒青绿茶即最后一道工序—干燥，是利用阳光直接晒干的绿茶。晒干是最古老的干燥方式，主要在湖南、湖北以及广东、广西等省、自治区少量生产，其中以云南大叶种的品质为最好，称之为滇青。晒青绿茶作为商品茶直接销售或饮用并不多，多用来作为黑茶的原料或直接压制成紧压茶。

蒸青绿茶，即采用热蒸气杀青而制成的绿茶。蒸青绿茶有三绿，即叶绿、汤绿、叶底绿。传统蒸青工艺绿茶有恩施玉露等。

品质的鉴别

不同绿茶的品质差别较为明显，鉴别绿茶时，可以根据茶叶的外观、茶汤和叶底，比较直观的进行鉴别。对于大部分绿茶来说，“以新为贵”。随着时间增长，绿茶中的叶绿素会分解、氧化，色泽、茶汤都会有所体现，所以在鉴别新鲜绿茶和陈旧绿茶时应注意：

新鲜绿茶（新茶）色泽鲜绿、富有光泽，香气较浓；茶汤色泽碧绿，滋味醇厚鲜爽，叶底鲜绿明亮，滋味甘醇爽口。

陈旧绿茶（陈茶）色黄暗晦、缺少光泽，香气低沉，茶叶、茶汤、叶底都发黄，欠明亮，滋味略淡。

冲泡饮用的方法

冲泡绿茶时，通常选用透明的玻璃杯、瓷杯或茶碗冲泡。其水质多选用洁净的优质矿泉水，也可用经过净化处理的自来水。不易用碱性水，以免破坏茶汤的颜色。正确的冲泡方法，饮用起来口感更好，喝起来也更加健康。冲泡绿茶时，水温应控制在80℃~90℃左右。煮水初沸即可，这样泡出的茶味舌本回甘，齿颊生香，令人余味无穷。

根据绿茶条索的紧结程度，其泡法可大致分为上投法和下投法冲泡。

对于冲泡碧螺春、都匀毛尖、君山银针、庐山云雾等外形较为紧实的绿茶时，在烫杯之后，采用上投法。准备透明玻璃杯，置入适量茶叶、茶水。此时可以清晰地看到茶叶徐徐下沉，叶片逐渐展开，上下沉浮，汤明色绿。待绿茶茶叶完全下沉后即可品饮。

对于六安瓜片、黄山毛峰、太平猴魁等条索松展形的绿茶则采用下投法。准备瓷盖杯，投入适量茶叶和少量适温开水。然后微微摇晃茶杯，使茶叶得到充分的浸润，待茶叶稍为舒展后，再加入九分满开水。待干茶吸水伸展后，便可饮用。

忌喝烫茶，因茶水太烫，容易刺激咽喉、食道和胃的黏膜，一般要放置在56℃以下饮用。忌喝冷茶，泡茶后，要及时喝完，因为冷茶寒滞、聚痰，对身体不好，特别是对体寒女性的损害更大。

保存方法

绿茶具有很强的吸湿还潮性，湿度过高就会发霉、酸化变质；忌高温、最佳保存温度在0℃～5℃，温度过高，所含氨基酸会被破坏分解；忌阳光，受日光照射后，品质会下降；忌氧气，长时间暴露，会变色，发红，营养价值降低；忌异味，茶叶与有异味的物品同时贮存，会吸收异味变质。

鉴于绿茶的自身特性，家庭保存茶叶一般采取以下方法。

1. 罐藏法

可以用装其他食品的金属罐、盒，或铁、铝、纸制品，形状不限，封好袋口。

2. 塑料袋

选取合适的塑料包装

袋，先将茶叶用柔软的净纸包好，然后放在塑料食品袋内，封口即可。

3. 瓦罐储存

瓦罐内需要放置生石灰袋，减少空气中的水分。绿茶需多层包装，最后密封坛口，另外需要经常检查保存情况，石灰潮解后要及时更换。

4. 冰箱

先将绿茶装入没有异味的干净的食品包装袋内，然后放到冰箱冷冻或冷藏，这种方法保存时间长，效果好，但对密封的要求很高。

茶博士 TIPS

明太祖朱元璋废“龙凤团茶”、推广散茶的举措得到了当时人民的广泛支持，并给予了很高的评价。因团茶制作复杂，耗费大量的人力物力，老百姓很难承受，出身底层的明太祖朱元璋废除团茶，使散茶价格更加合理化，老百姓都可以享受到饮茶的乐趣。同时撤销了皇家茶园，废除贡茶制度，减轻了茶农的负担，稳定了民心。

红茶：香气扑鼻的红色调

红茶在创制的时候被称为“乌茶”，是全发酵茶，红茶的主要特点是红汤、红色的叶底，因此而得名。红茶是我国第二大茶类，其中祁门红茶是最著名的红茶品种。

红茶溯源

最早的红茶是由明朝时期福建武夷山茶区的茶农所发明，为“正山小种”，所以说红茶的鼻祖在中国。武夷山市桐木村江氏家族是生产正山小种红茶的茶叶世家，至今已经有400多年的历史。红茶的产生很偶然，据史料记载是因为未烘干的绿茶被积压发酵而成。

红茶最早的原产地在中国的云南与西藏交界处的山岳地带。17世纪，欧洲大航海时代来临，欧洲开始从中国进口红茶，才真正有了红茶。提到红茶，自然会想到英国。实际上，荷兰是欧洲最先开始饮茶的国家，他们从17世纪30年代就开始饮茶，而英国人从17世纪50年代才逐渐开始。红茶先是在英国贵族流行，后来发展到民间。

红茶的形状

红茶根据加工造型方法的不同主要分为以下几种。

条形：干茶形状

呈条形，有直条形、眉形、浓眉形，长度比宽度大很多。

直条形：干茶外形挺直、肥壮，如特秀、特针。

眉形：干茶条形弯折像人的眉毛，如工夫红茶、小种红茶、红碎茶。

浓眉形：干茶外形挺直、肥壮。

卷曲形：茶叶外形紧结卷曲，多是中、小叶种，如九曲红梅。

砖形：形状大小不等的砖形的茶，由黑毛茶精制后蒸压而来，有的棱角分明的如米砖。

碎片形：屑片形状很像木耳，质地比较轻，有皱褶，如橙黄片、碎橙黄白毫片。

粉末形：体形都小于34英寸。

红茶的制作

红茶的制作工艺须经过萎凋、揉捻、发酵、干燥等工序。

萎凋可以分为室内加温萎凋和室外日光萎凋两种，萎凋后的茶鲜叶因蒸发掉大量的水分，所以叶片柔软，韧性增强，梗折不断，叶脉呈透明状态。萎凋也是使青草味消失，茶香显现，形成红茶香气的重要阶段。

揉捻的目的是使茶叶成形，在这个过程中，茶叶的细胞被破坏，在酶的作用下进行必要的氧化，为发酵做准备。

发酵是红茶加工工艺的独特的工序。经过发酵后的茶叶，由绿色变成红色，目前普遍使用发酵机控制温度和时间进行发酵。

干燥是将发酵好的茶坯，采用高温烘焙，蒸发茶叶水分，缩小体积，稳固外形，获得红茶特有的品质特点。

红茶的品种

红茶的种类多样，按照加工的方法及出品的茶形，主要分为小种红茶、工夫红茶以及红碎茶。

小种红茶是最古老的红茶，是红茶中的鼻祖，是福建省知名的红茶品种，在国内外都享有很高的声誉，它也是近些年来非常流行的一种茶叶。小种红茶色泽乌润、汤色艳丽、味道醇香，常常出口到欧美地区，在高档茶市上销售，非常受欢迎。如武夷山红茶等。

工夫红茶是我国特有的一种红茶，按产地可分为祁门红茶及滇红等。功夫就是说在加工的时候比其他红茶下的功夫要多，并且在冲泡时需要用充裕的时间来慢慢品味。如祁门工夫茶、滇红工夫茶、宁红工夫茶、川红工夫茶等。

红碎茶是机械制作出来的红茶，它的外形比较规整，色泽中保存了红茶原有的乌润，汤色较红，非常适合作为袋包茶饮用，可以搭配糖、蜜、奶等，深受人们的喜爱。如滇红碎茶和南川红碎茶等。

品质的鉴别

按照品质优劣的程度，将红茶分为优质茶、次品茶和劣质茶三种。鉴别时需要手、眼、鼻、口等感官系统进行综合评判。

1. 手抓：用手捡取少许感触红茶条索的松紧、轻重和粗细。优质红茶的条索相对紧结，以重实者为佳，粗松、轻飘者为劣。

2. 眼观：观察红茶干茶的外形是否均匀，色泽是否一致，有的还需要看是否带金毫。此外，通过冲泡后看汤色和叶底也能进行辨别。优质红茶的茶汤红艳，清澈透亮，叶底匀齐开展，质感柔软娇嫩；次品茶和劣质茶的茶汤红、浓，暗而浑浊，有的劣质差会出现叶底不展，颜色枯暗，有霉味。

3. 鼻嗅：品质好的红茶有香甜的气味，冲泡后香气甜醇，次品茶、劣质茶则香气不明显或夹杂其他异味。

4. 口尝：可以取若干茶放入口中咀嚼，根据滋味判断品质的优劣。此外还可以通过开汤来进行品评。品质优异的红茶滋味甜醇浓厚，小种红茶还会回甘。而次品茶没有这些特征，而劣质茶会有苦涩味或其他异味。

冲泡饮用的方法

通常每杯放入3～5克的红茶，或1～2包袋泡茶。若用白瓷杯，通常

冲水至八分满为止。若用壶煮，将适量的茶加入茶壶中，再立刻注入沸腾的开水，水温宜在90℃～100℃的水温，将壶盖盖上，使红茶的香气与味道能充分地在热水中释放出来。叶片细小者约浸泡2～3分钟，叶片较大则宜闷置3～5分钟，当茶叶绽开，沉在壶底，并不再翻滚时，即可享用。

如果品饮的红茶属条形茶，一般可冲泡2～3次。如果是红碎茶，通常只冲泡一次，第二次再冲泡，滋味就淡了。

注意神经衰弱、心脑血管病的患者应适量饮用，而且不宜在睡前或空腹时饮用。不要用茶水送服药物。服药前后一小时内不要饮茶。人参、西洋参不宜和茶一起食用。忌饮浓茶解酒。饭前不宜饮茶。饭后忌立即喝茶。少女忌喝浓茶。

保存方法

红茶不能与有异味的物品一起存放，如香皂、清洁剂等，也不能放在潮湿和高温的环境中。最好放在茶叶罐里，存放在干爽、阴暗的环境中，开封后的茶叶应尽快喝完。

茶博士TIPS

英国人称红茶为“Black tea”，这是为什么呢？因为英国人采购的是武夷红茶，这种茶颜色黑，所以根据茶叶的表面色泽称为黑茶。实际上武夷红茶的制作工艺属于红茶，而且冲泡后红叶红汤，但英国人一直如此称呼武夷红茶。

青茶：绿叶红边，青褐如铁

青茶即乌龙茶，是一种半发酵茶。青茶具有绿茶的清香感觉及红茶的醇厚口感，是介于全发酵茶与不发酵茶中间的一种茶叶，兼具绿茶和红茶两类茶叶的特点，即绿叶红镶边，被很多爱茶人士所钟情。青茶是经过杀青、萎凋、摇青以及半发酵、烘焙等几道工序制出来的品质优异的茶，采制考究，冲泡过程最具欣赏性，大多数茶的冲泡都借鉴了青茶的方法。

青茶溯源

青茶起源于北苑茶，武夷茶。北苑茶是福建最早的贡茶，北苑是福建建瓯凤凰山周围的地区，唐末已产茶，而宋以及其后产量扩大，逐渐采用半发酵的制法。

武夷山茶则在北苑茶之后，于元朝、明朝、清朝获得贡茶地位，获得发展。现在所说的青茶则是安溪人仿照武夷山茶的制法，改进工艺制作出来的一种茶。

青茶由宋代贡茶龙团、凤饼演变而来，创制于清雍正年间前后，福建《安溪县志》记载："安溪人于清雍正三年首先发明乌龙茶做法，以后传入闽北和台湾。"另据史料考证，1862年福州即设有经营青茶的茶栈。1866年台湾青茶开始外销。而现在全国青茶最大产地当属福建安溪，安溪也于1995年被国家农业部和中国农学会等单位命名为"中国乌龙茶（名茶）之乡"。

青茶的形状

青茶根据加工造型方法的不同有条形和颗粒形两种基本形态。

条形：指茶叶呈条索状，又分为直条形和拳曲形。直条形如水仙、奇种等。

颗粒形：又称半球形青茶，顾名思义，形状像半个球。主要名品有福建的铁观音、台湾的冻顶乌龙等。

青茶的制作

青茶的加工程序有采摘、萎凋、做青、炒青、揉捻、干燥等。这些制作工艺大体上与绿茶相同，只有采摘时要注意遵循“三叶开面采”的原则，即当顶叶芽形成时，采摘顶芽开面的二三叶或三四叶。青茶采摘标准不同于绿茶，要求有一定的成熟度，芽梢大小基本一致，老嫩适中，这是青茶良好品质的基础。

青茶的品种

青茶根据制作工艺不同分为偏重发酵茶和偏轻发酵茶。

偏重发酵茶经晒青、晾青、做青、炒青、揉捻、烘干等工序制作而成。其中做青工艺很重要，要经反复的摇青做青，才能产生青茶的高香和韵味，偏重发酵茶汤色橙黄或橙红。偏重发酵茶有武夷岩茶、广东的凤凰单枞、台湾的白毫乌龙等。这些茶都是条形茶。

偏轻发酵茶经晒青、晾青、做青、炒青、揉捻、反复烘焙和包揉、烘干等制作而成。除了做青外，反复包揉也非常注重，因为这样才能形成颗粒状的青茶，这类青茶花香浓郁，汤色金黄或绿中带黄。名品有福建的铁观音、台湾的冻顶乌龙等。

品质的鉴别

1. 看色泽：似蛙皮绿有红边，有光泽。

2. 闻香味：把干茶捧在手里，深呼吸三次。如果香气持续强劲便是好茶。次品，吸第二口气时，就不太香，或者香气不明显，有青气和杂味。

3. 观外形：主要从三个方面来看，即条索、整碎和净度。

条索是指干茶的外形规格，如条形、圆形、扁形、颗粒形等。

整碎就是茶叶的外形和断碎程度，以匀整为好。

净度主要看茶叶中是否混有茶片、茶末和制作过程中混入的竹屑、泥沙等夹杂物。

4. 开汤冲泡：从色、香、味、形四个方面品评。

茶汤颜色：汤色以黄色或红色为主。

茶汤香气：茶叶的香气因品种、工艺和季节的区别而有不同的表现。如武夷岩茶具岩骨花香韵味特征。

茶汤滋味：茶汤味新鲜，入口爽适。

辨叶底：新制茶叶，叶底颜色鲜明清澈；陈茶，则呈红褐或暗黑色。

冲泡饮用的方法

冲泡方法因地域不同而呈现不同的方法。本书介绍传统泡法。

1. 烫壶：先将沸水冲入壶中至溢满为止。

2. 倒水：将壶内的水倒出至茶船中。

3. 置茶：将一茶漏斗放在壶口处，然后用茶匙拨茶入壶。

4. 注水：将烧开的水注入壶中，至泡沫溢出壶口。

5. 倒茶：将壶中的茶倒入公道杯，可使茶汤均匀。

注意事项

品饮乌龙茶不仅对人体健康有益，还可增添无穷乐趣。但要注意

空腹不饮，否则感到饥肠辘辘，头晕欲吐，人们称为“茶醉”；睡前不饮，否则难以入睡；冷茶不饮，冷后性寒，对胃不利。

保存方法

青茶的储藏方式有以下几种，可以将青茶密封包装好放进冰箱冷藏室存放；将茶叶放进干燥的热水瓶里存放，注意拧紧瓶盖；放入避光的玻璃瓶中，将瓶口密封；选用青花罐、紫砂罐等存放。

茶博士TIPS

乌龙茶除了有因最先发明乌龙茶制法之人苏龙（因人长得黑，人称乌龙）得名外，还有一个说法是因为茶叶的形态和颜色，茶叶在经过晒、炒、焙加工之后，色泽乌黑，条索似鱼（比作龙）。在水中泡开，叶片色泽乌青，有如乌龙入水。所以得名乌龙茶。

黑茶：其色如铁，芳香异常

黑茶的外观是黑色的，所以称黑茶。其属于后发酵茶，是中国特有的茶类，主要茶区在湖北、湖南、云南以及四川等地。黑茶制作工艺包括杀青、揉捻、渥堆以及干燥。最早的黑茶是由四川生产的，主要供山区少数民族饮用，所以又称“边销茶”。

黑茶溯源

黑茶的制作始于明代中期，当时茶叶由于运输工具不发达，路途遥远，又没有遮阳避雨的工具，雨天茶叶常被淋湿，天晴时茶又被晒干，这种干、湿互变过程使茶叶在微生物的作用下导致了发酵，颜色逐渐变成黑褐色，味道却异香扑鼻，品质不同于起运时的茶品，因此“黑茶是马背上形成的”说法是有其道理的。

黑茶的外形及种类

黑茶根据加工方法的不同主要分为散装黑茶、紧压黑茶、花卷茶三类。

散装黑茶主要为天尖、贡尖和生尖这三类，也就是我们常说的三尖。天尖是用一级黑毛茶压制而成，色泽乌润，清香，滋味醇厚，汤色橙黄，叶底黄褐色；贡尖是由二级黑毛茶压制，生尖是用三级黑毛茶压制而成。如六堡散茶等。

紧压茶主要为茯砖、花砖、黑砖和青砖这四类，俗称四砖。目前市场上最火的是“茯砖茶”。茯砖茶因为有“金花”而被市场认可，所谓“金花”指的是一种叫冠突散囊菌的菌类，为促进“发花”，茯砖是先

进行基础包装再进行烘干处理的，而且烘期比黑砖、花砖长一倍以上，以求缓慢发花。黑砖茶是用黑毛茶作为原料，形状像砖。黑砖茶棱角分明，香气纯正，滋味浓醇，即使收藏多年也不会变味，且越陈越好，非常适合烹煮。花砖茶砖面上有花纹，色泽黑色，滋味浓厚微涩。如六堡砖茶、湖北青砖茶、陕西茯砖茶、湖南安化黑砖茶等。

花卷茶有千两、百两、十两之分。花卷茶是黑茶的外形最独特的一种，尤其是最为出名的“千两茶”，该茶圆柱造型，每支茶一般长约1.5米~1.65米，直径0.2米左右，净重约36.25千克。如湖南安化千两茶等。

黑茶的制作

黑茶主要经杀青、初揉、渥堆、复揉、烘焙等工艺制作完成。黑茶原料较粗老，加之制造过程中往往堆积发酵时间较长，因而叶色油黑或黑褐。黑毛茶是压制各种紧压茶的主要原料，各种黑茶的紧压茶是藏族、蒙古族和维吾尔族等兄弟民族日常生活的必需品，有“宁可三日无食，不可一日无茶”之说。

品质的鉴别

好的黑茶品质色泽黑而有光泽，汤色橙黄而明亮，香气纯正，陈茶有特殊的花香或“熟绿豆香”，滋味醇和而甘甜。如果香气有馊酸气，霉味或其他异味，滋味粗涩，汤色发黑或浑浊，都是品质低劣的表现。

1. 观外形：看干茶色泽、条索、含梗量。紧压茶砖面完整、模纹清晰，棱角分明，侧面无裂缝；散茶条索匀齐、油润则品质佳。

2. 看汤色：橙黄明亮，陈茶汤色红亮如琥珀。

3. 闻香气：黑茶有发酵香，带甜酒香或松烟香，陈茶有陈香。

4. 品滋味：醇和，陈茶润滑、回甘。

5. 看叶底：黑褐色。

冲泡饮用的方法

如意杯是泡黑茶的专用杯，它可以实现茶水分离，更好地泡出黑茶。

1. 投茶：将黑茶大约15克投入如意杯中。

2. 冲泡：按1:40左右的茶水比例沸水冲泡。由于黑茶比较老，所以泡茶时一定要用100℃的沸水，才能将黑茶的茶味完全泡出。

3. 茶水分离 ：如果用如意杯冲泡黑茶，直接按杯口按钮，便可实现茶水分离。再将如意杯中的茶水倒入茶杯直接饮用，也可直接用如意杯饮用。

注意泡黑茶时不要搅拌黑茶或压紧黑茶茶叶，这样会使茶水浑浊。黑茶不仅滋味浓醇，而且还有可贵的药效。经相关专家试验证明，黑茶具有降血压、减肥、抑菌、助消化、醒酒、解毒、软化血管等多种功效。因此，很多人常将黑茶当作养生佳品。

保存方法

黑茶的储藏要求是通风、自然光线、适宜的温度、湿度。临窗的阳台是最好的储藏区域，可使茶叶与空气发生氧化，从而加速茶叶的“陈化”，忌密闭，所以不能用塑料袋密封。黑茶存放最好在自然光照下，光线的作用有利于黑茶的“陈化”，但忌日晒。同时注意适当的温度、湿度，还要避免污染，防止化妆品、油烟等气味的污染使黑茶的口感发生变化。黑茶类产品大多能够长期保存，有越陈越香的品质。

茶博士TIPS

香港不出产茶叶，却是中国的一大品茶之城。自清代开始，香港人就已经普遍饮用黑茶。香港街头有很多茶行、茶楼、茶室、茶餐厅、凉茶铺等。香港人有坐茶楼的习惯，黑茶性温暖胃，不伤身，茶客们可以在茶楼饮上一天。现在，黑茶已经成为香港人生活的一个重要组成部分，香港人一天就要喝掉10多吨黑茶。

黄茶：妙手偶得，黄叶黄汤

人们在炒青绿茶的时候发现，由于杀青、揉捻后干燥程度不够或者是未及时干燥，叶色就会变黄，于是出现了一种新的茶叶品类，那就是黄茶，它最明显的特点就是“黄叶黄汤”。代表品种有君山银针、蒙顶黄芽、霍山大黄茶等。

黄茶溯源

黄茶自古就有，只是不同历史时期黄茶的概念不同。历史上最早记载的黄茶，不同于现在所称的黄茶，是依茶树品种的黄色特征，茶树生长的芽叶自然显露黄色而言。如在唐朝享有盛名的安徽寿州黄茶和作为贡茶的四川蒙顶黄芽，都因芽叶自然发黄而得名，其实它属于绿茶类。这种凭直观感觉辨别黄茶的方法常易混淆，所以现在所指的黄茶就是以科学系统的茶叶分类理论为依据的。

黄茶的形状

黄茶因品质和加工方法的不同主要分为针形、条形、扁叶形、扁直形等。

1. 针形：形似针、芽头

肥壮、满披毛，如君山银针等。

2. 条形：以条索紧结卷曲呈环形、显毫，如温州黄汤等。

3. 扁叶形：叶肥厚成条、梗长壮、梗叶相连，如广东大叶青等。

4. 扁直形：条扁直、芽壮多毫，如霍山黄芽等。

黄茶的分类

黄茶有芽茶和叶茶之分。根据鲜叶的嫩度以及芽叶的大小，可以将黄茶分为黄芽茶、黄小茶以及黄大茶三类。

黄芽茶原料细嫩，采摘单芽或是一芽一叶，主要代表有君山银针，是黄芽茶中的珍品，外形粗壮，银毫披露，芽身金黄，被誉为“金镶玉”。北京市场上销售的君山银针每斤已达千元。此外，还有安徽霍山黄芽、四川蒙顶黄芽等名品。

黄小茶是细嫩芽叶加工而成的，有代表性的是岳阳的北港毛尖、远安鹿苑、皖西黄小茶以及平阳黄汤等。

黄大茶是采摘一芽二、三叶或者是一芽四、五叶制成的，包括安徽的霍山黄大茶、广东大叶青以及六安黄大茶等。广东大叶青外形条索肥壮、重实，老嫩均匀，叶张完整，香气纯正，汤色澄黄明亮，是广东的名特产。

品质的鉴别

黄茶的特点是“黄叶黄汤”，那么怎样具体鉴别黄茶的优劣呢？

1. 看条索：优质黄茶的条索很整齐，大部分为直形。如果茶叶碎茶很多，有弯有直，则是劣等茶叶。

2. 看颜色：优质黄茶叶子是黄色，如果同一品种的茶叶颜色深浅不一，或有迷彩色，则是劣等茶叶。

3. 看茶汤：茶汤是黄色，看起来自然舒服，色泽光亮，呈透明状，如果颜色过于艳丽或晦暗，则是劣等茶叶。

4. 品茶味：冲泡后，优质黄茶汤色黄绿明亮，品茶有甜香味。如果汤色浑浊，茶汤苦涩，无香味，则是劣等茶叶。

黄茶的制作

黄茶的典型工艺流程是杀青、闷黄、干燥，揉捻是黄茶必不可少的工艺。黄茶的制作与绿茶有相似之处，不同点是多一道闷堆工序。这个闷堆过程，是黄茶制法的主要特点，是形成黄色黄汤的关键程序，也是它同绿茶的基本区别。绿茶是不发酵的，而黄茶属于轻发酵茶类。

冲泡饮用的方法

可以选用玻璃杯或盖碗，用玻璃杯泡君山银针最好，可欣赏茶叶似群笋破土，缓慢升起落下，翠绿色的茶叶重重叠叠，有“三起三落”的妙趣奇观。一般按泡茶器具容量置入四分之一茶叶。水温为摄氏85℃左右。第一泡大概冲泡三十秒；第二泡为六十秒；第三泡为二分钟左右。

保存方法

黄茶的储藏跟绿茶相同，包装物质宜选用坚固、清洁、干燥、无异味、无机械损伤等。推荐使用无菌包装真空包装、充氮包装来包装有机茶叶。黄茶最好是随购随喝，短时间内建议少买，喝完再买，这样可以保证喝到新鲜的黄茶。

茶博士 TIPS

君山银针是我国名茶之一，五代时起银针就被定为贡茶。据说后唐的第二个皇帝明宗李嗣源，侍臣为他沏茶时，开水一倒，就看到一团白雾腾空而起，出现了一只白鹤。这只白鹤点了三下头，便朝蓝天飞去了。再看杯中的茶叶都齐崭崭地悬空竖了起来。过了一会，又慢慢下沉。明宗感到很疑惑，就问侍臣。侍臣说："这是君山的白鹤泉水，泡银针茶的缘故。白鹤点头飞入青天，是祝万岁洪福齐天；翎毛竖起，是对万岁的敬仰；黄翎缓坠，是对万岁的诚服。"明宗听后非常高兴，便下旨把君山银针定为贡茶。

白茶：绿叶裹素，别有情趣

白茶因大多是芽头，满披白毫而得名，是六大茶类之一。白茶是福建特产，主要茶区在建阳、松溪以及政和等地。白茶的外形芽毫完整，毫香清鲜，汤色黄绿清澈，饮后回甘良久。白茶属于轻微发酵茶，是我国茶类中的特殊珍品。

白茶溯源

白茶一般地区不常见。白茶生产有两百年左右的历史，最早由福鼎县首创，因此又称为福鼎白茶。白茶的名字最早出现在唐朝陆羽的《茶经》七之事中，其记载："永嘉县东三百里有白茶山。"宋徽宗赵佶在《大观茶论》中，有一节专论白茶曰：白茶，自为一种，与常茶不同。宋徽宗指的白茶，是早期产于北苑御焙茶山上的野生白茶，采用蒸、压的方式制成团茶，不同于现在的白茶。清代嘉庆初年，采芽茶制成银针。1885年改采福鼎大白茶制成白毫银针。

白茶的形状

根据芽叶采摘的不同将白茶分为以下几类。

有芽有叶、没有茶梗：采摘时间晚于白毫银针，茶芽比白毫银针更细长，白毫要少，且短，重要的是没有茶梗。如白牡丹。

茶芽细长、叶小梗细：白毫不明显，叶片小，茶梗又细又长。如贡眉。

很少茶叶、粗枝大叶：叶片很大，茶梗又粗又长。如寿眉。

如果采摘的都是芽头且满身白毫：则是白毫银针。

叶片皱卷、没有茶梗：没有白毫。如新工艺白茶。

白茶的制作

白茶的制作工艺是最自然的，即采摘、萎凋、烘干三个过程。把采下的新鲜茶叶薄薄地摊放在竹席上置于微弱的阳光下，或置于通风透光效果好的室内，让其自然萎凋。晾晒至七八成干时，再用文火慢慢烘干即可。

白茶的品种

根据茶树品种以及原料采摘的标准不同，可以将白茶分为白芽茶和白叶茶两种。

白芽茶是指采摘芽头肥硕、毫毛多的茶叶制作而成。著名品种有白毫银针。

白叶茶是指采摘单片茶叶或者一芽二、三叶制成的白茶，外形色泽银白、松散，茶汤澄明淡黄。著名品种有白牡丹和贡眉。

品质的鉴别

不同的白茶品种外形特点也不同。

1. 白毫银针：以毫心肥壮、鲜艳、银白闪亮为优，以芽瘦小而短、色灰为次。

2. 白牡丹：叶张肥嫩、毫心肥壮、色泽灰绿、毫色银白为优，以叶张瘦薄、色灰为次。

3. 贡眉和寿眉：叶张肥嫩、夹带毫芽为优。

4. 新白茶：条索粗松带卷、色泽褐绿为优，无芽、色泽棕褐为次。

另外，汤色橙黄明亮或浅杏黄色；毫香浓郁、清鲜纯正；滋味鲜美、醇爽、清甜；叶底嫩度匀整、毫芽多、色泽鲜亮为佳。

冲泡饮用方法

饮用白茶不宜太浓，150毫升的水，用5克的茶叶。水温要求在95℃以上，第一泡时间约5分钟，过滤后将茶汤倒入茶杯即可饮用。第二泡3分钟左右，随饮随泡。一杯白茶可冲泡四五次。白茶性寒凉，对于胃“热”的人可在空腹时适量饮用。胃中性的人，随时饮用都无妨。胃“寒”的人，则要在饭后饮用。一般每人每天5克白茶就足够，老年人更不宜太多。喝多了白茶就会“物极必反”，起不到保健的作用。饭前与临睡前这段时间，不宜饮茶。需要注意的是：肾虚体弱者、心动过快的心脏病人、严重高血压患者、严重便秘者、严重神经衰弱者、缺铁性贫血者都不宜喝浓茶，也不宜空腹喝茶。

保存方法

白茶的含水量比较高，贮藏前可先用生石灰吸湿，再贮存在密闭干燥的容器内，放在阴凉干燥的地方。主要的贮存方法有生石灰贮存法、木炭贮存法、暖水瓶贮存法、冰箱冷藏贮存法。其中冰箱冷藏法最为常用，方法是将茶叶用袋子或者茶叶罐密封好，将其放入冰箱内，温度为5℃以下。

茶博士TIPS

白茶和蓝姑的传说：据《宁德茶叶志》记载，相传尧帝时，太姥山下一农家女子，乐善好施，人称蓝姑。那年麻疹流行，病魔夺去了一个个幼小的生命，蓝姑心急如焚。

一天夜里，蓝姑梦到南极仙翁发话：“蓝姑，鸿雪洞顶有一株白茶树，它的叶子晒干后泡开水，可治疗麻疹。”蓝姑立即攀上鸿雪洞顶，果然发现了白茶树。蓝姑遂采茶、晒茶，教乡亲们泡茶给出麻疹的孩子们喝，终于战胜了麻疹。晚年蓝姑遇仙人指点，羽化升天，人们尊之为太姥娘娘。

再加工茶：花香茶香，相得益彰

再加工茶，是在六大基本茶类的基础上经过再加工而制成的茶类。包括花茶、紧压茶、萃取茶、果味茶和药用保健茶等。这里我们主要讲花茶，它是在六大基本茶类的基础上加入香花或香料采用一定的工艺方法，以改变茶的形态、品性以及功效而制成的一大茶类产品。再加工茶集茶味和花香于一体，既有浓郁的茶味，又有芬芳的花香，冲泡品饮，花香袭人，令人心旷神怡。再加工茶不仅有茶的功效，而且花香也有很好的药理作用，对人体的健康颇有裨益。

再加工茶溯源

再加工茶在我国有悠久的历史，起源于宋朝，当时在上等绿茶中加入龙脑香（一种香料）作为贡品，这说明在宋朝已能利用香料薰茶。

明朝时，再加工茶窨制方法有了很大的发展，出现“茶引花香，以益茶味”的制法，这时的窨茶法与现代的工艺原理相通，这是真正意义上的再加工茶。明朝伟大的药物学家李时珍《本草纲目》一书中有“茉莉可薰茶”的记载，证实了茉莉花茶明朝就有生产。

大规模的再加工茶窨制始于清朝咸丰年间，最早的加工中心在福州，因此福州是中国茉莉花茶的发祥地。到1890年再加工茶生产已较普遍，主产区为福建、浙江、安徽、江苏等省，近年来湖北、湖南、四川、广西、广东、贵州等省、自治区亦有发展，而非产茶的北京、天津等地，亦从产茶区采进大量花茶毛坯，在花香旺季进行窨制加工，其产量亦在逐年增加。再加工茶产品，以内销为主，从1955年起出口东南亚地区，以及东欧、西欧、非洲等地。

再加工茶的形状

制成的花茶有条索状、圆形状、球状等，还有各种造型的鲜花干燥茶等。

再加工茶的制作

花茶的窨制特别讲究，分为三窨一提，五窨一提，七窨一提。意思是做花茶，选一批绿茶，鲜花要用3～7批，才能让绿茶充分地吸收花的香味，最后筛去花渣，所以品质好的花茶多次冲泡后仍有香味，但见不到许多花朵。而有些品质差的花茶则可能不经窨制，直接将废花渣拌入绿茶中以次充好，看上去花很多，但冲泡一两次就没有花香了。

再加工茶的品种

一般根据选用的香花品种不同，划分为茉莉花茶、玉兰花茶、珠兰花茶等类，其中以茉莉花茶产量最大。

再加工茶也可以用不同的绿茶品种去做茶坯，例如用龙井茶做茶坯，用茉莉花去窨制就叫龙井茉莉花茶；如果用玫瑰花去窨制，就叫龙井玫瑰花茶。

每种再加工茶又根据其加工原毛茶坯的产地、质量与制作工艺的精细程度划分为若干等级，有特级、一级、二级、三级、四级、五级、六级等七个等级。

品质的鉴别

主要从形、色、香、味等方面鉴别。优质的再加工茶外形呈条状，紧结匀整，色泽黄绿。冲泡后香气鲜灵浓郁，具有明显的鲜花香气，汤色浅黄明亮，滋味醇厚鲜爽，叶底细嫩匀亮。品质差的再加工茶废花渣多，冲泡无香气，滋味淡而无味。

冲泡饮用的方法

冲泡再加工茶方法非常简单，先把一茶匙的再加工茶放入杯中，加入250毫升80℃～100℃的热水，冲泡2～3分钟，根据个人口味可加入适量的蜜糖或冰糖等，茶温适合时就可以饮用了。不同品种的再加工茶具有不同的天然功效，用再加工茶替代咖啡或可乐是健康的选择。注意冲泡时间不宜过长，不宜用保温杯泡茶。饮茶不宜过浓，隔夜茶勿饮。

保存方法

再加工茶的保存应预防虫蛀和受潮，也要避免阳光直射使再加工

茶变脆或变质。最好的方式是将再加工茶放在密封罐内，并将罐口密封好，以免受潮；也可以放在保鲜盒中，这样可以叠起来，方便收藏；放在冰箱中，一般可存放一年左右。

茶博士TIPS

茉莉花茶的出现还有一个美丽的故事，传说茉莉花茶是由北京茶商陈古秋所创制，当时陈古秋去南方购茶，遇到一位贫穷无钱埋葬亲人尸首的少女，陈古秋遂给了银两帮助她渡过难关。三年后再去南方时，旅店老板交给他一包茶，说是少女交送的。后来陈古秋和朋友一起品尝此茶，先是异香扑鼻，接着看到一团热气中有位美貌的姑娘手捧茉莉花。陈古秋遂悟到“这是茶仙提示，茉莉花可入茶”，后来就有了新茶类茉莉花茶。

第四章

道茶珍品，谓名茶之名

茶叶在中国有着丰富的文化内涵和悠久的历史底蕴，各种各样的茶叶品种，姹紫嫣红，争奇斗艳，犹如春日里的百花。中国的名茶就是那漫山遍野的茶叶品种中的珍品，具有很高的茶饮功效和鉴赏价值，在整个茶叶市场中占据举足轻重的地位，在国际上享有很高的声誉。

绿　茶

绿茶是中国茶叶中最大的茶类，有很多名品，如西湖龙井、碧螺春、信阳毛尖、六安瓜片等。这些名茶，历史悠久，造型独特，不但香高味长，也具有极大的艺术欣赏价值，就像茶中的佳人，熠熠生辉，令人难忘。

西湖龙井：名茶之首

西湖龙井产于浙江省杭州市西湖区，是中国名茶之一，属于扁形炒青绿茶。欲把西湖比西子，从来佳茗似佳人，千年以来，杭州不仅因西湖之美闻名于世，也因西湖龙井而驰名中外。

名茶历史

唐代“茶圣”陆羽所著《茶经》中有“杭州天竺、灵隐二寺产茶”的记载，而天竺、灵隐儿寺就位于杭州西湖湖西，所以西湖龙井茶至今已有一千多年的历史。

北宋时期，大诗人苏东坡为西湖龙井茶区手书“老龙井”等匾额，至今尚存广福院胡公庙、18棵御茶园中狮峰山脚的悬岩上。

清代，乾隆皇帝下江南时，多次来到龙井观看茶叶的采制过程，在品饮了龙井狮子峰胡公庙前的龙井茶后对其赞不绝口，不但封18棵茶树为“御茶”，还题诗《龙井八景》，为龙井茶的传说增加了一道色彩。

品质特征

龙井茶有“色绿、香郁、味甘、形美”四绝之称。从外形看，茶叶呈扁平形状，叶细嫩，条形整齐，色泽呈现黄绿色而非翠绿色，手感光滑，一芽一叶或二叶。

茶汤呈绿色、明亮，如果水质较硬，茶汤颜色会略浅；滋味鲜爽甘醇，香气浓郁。

茶泡后的叶底均匀，色泽黄绿，叶面完整。

品种级别

龙井茶按照区域分为西湖龙井、钱塘龙井、越州龙井等，而龙井茶中品质最为人推崇的是西湖龙井，西湖龙井中品质最好的当属狮峰龙井。西湖龙井分狮、龙、云、虎、梅五大核心产区。“狮”字号为龙井狮峰一带所产，“龙”字号为龙井、翁家山一带所产，“云”字号为云栖、五云山一带所产，“虎”字号为虎跑一带所产，“梅”字号为梅家坞一带所产。

最早西湖龙井分为特级和一到十级共11个级，其中特级又分为特

一、特二、特三。其中每个级别又分5个等，每个级设置级别标准样。后来改为设有特级和一到八级，共分为43个等。到1995年简化为特级和一到四级，其中特级分为特一、特二。当年在浙江又划分为特级和一到五级共6个级别。

特级：原料采用一芽一叶初展，扁平光滑。

一级：原料采用一芽一叶开展或一芽两叶初展，扁平。

二级：原料采用一芽两叶开展，比较扁平。

三级：原料采用一芽两叶或两叶对夹叶，尚扁平不光泽。

四级：原料采用一芽两叶对夹叶，欠光泽，比较宽。

五级：原料采用一芽三叶和对夹叶，尚扁平较粗糙。

龙井茶的采制工艺

西湖龙井之所以品质卓越，与其精细的采摘过程是密不可分的。茶叶的采摘非常讲究，一般以采摘一芽一叶和一芽两叶为原料，经过摊放、炒青锅、回潮、分筛、辉锅、分拣整理、收灰储存等几道工序。

每年春天，茶农会分4次对龙井茶进行采摘，清明前三天采摘的为"明前茶"，这种茶叶名贵而稀有。据说一个熟练的采摘姑娘一整天才能采摘到12两茶叶嫩芽，一斤干茶大约有3600个茶芽，需要多少江南姑娘采摘可想而知，足见明前茶是多么的珍贵，它历来堪称为珍品中的绝品。

龙井茶的炒制手法比较复杂，根据不同鲜叶选取不同的炒制阶段，人们会分别采取“抖、搭、捺、拓、甩、扣、推、抓、压、磨”十大手法。

精细的纯手工采摘过程和纯手工的炒制过程，成就了龙井的四绝。

选购

一摸：判断茶叶的干燥程度。任意找一片干茶，用拇指和食指用力一捻，如果能捻成粉末状，则干燥程度足够，就可以购买了。

二看：新茶的色泽一般是比较清新悦目的，多为嫩绿或墨绿色。机制的龙井茶，外形大多为棍棒状的扁形，欠完整，总体品质比手工炒制的要差。

三嗅：春茶中的特级西湖龙井或浙江龙井冲泡后会有清香或嫩栗香，部分带有高火香或清香。其余各级龙井茶随着级别的下降，香味由嫩爽转向浓粗。

四尝：春茶中的特级西湖龙井或浙江龙井冲泡后滋味清爽或浓郁。

夏秋的龙井茶滋味略涩。

储存方法

西湖龙井茶储存方法一般有木炭储存法、生石灰储存方法、塑料袋锡箔储存法、金属罐储存法和低温储存法。家庭常会选择金属罐储存和低温储存法，低温储存可以选择冰箱冷藏或冷冻，一般储存期超过半年的，储存温度应保持在0℃～5℃，储存期超过一年的应选用-5℃～-18℃的冷冻保存。

冲泡方法

温杯：采用80℃的热水直接浇灌玻璃杯，一是用来清洁杯子，二是用来温杯。

投茶：茶叶与水的比例按1：50，也就是大约100毫升的杯子选用2克的茶叶。用茶匙将茶从茶仓中取出，一般家用水杯投放2～3克茶叶。

冲泡：采用80℃的热水，用水壶慢慢向杯中注入大约1/4的热水，目的是浸泡茶芽，使干茶叶吸水舒展，为下步的高冲打下基础。待茶叶散发出清香后，提壶高冲茶杯，并借助手腕力量来回3次上下提拉水壶，使茶叶在水中上下翻腾，这种手法称为“凤凰三点头”。

品茶：品茶时可以先看色，再赏姿、闻香，最后尝味。上乘的龙井茶，汤色明亮，有光泽，色泽以浅绿、黄绿、嫩绿为主。冲泡浸润后的茶叶舒展开来，展现出固有的形状和姿态。香味或清香，或花果香，或浓香。一般认为，西湖龙井茶茶汤滋味鲜醇爽口的为品质上乘的重要标志。

注意冲泡龙井茶的水温不宜太高，一般在80℃左右，如果水温过高，则容易破坏茶芽，达不到“一旗一枪”的幽美茶形，并且茶的香味也会受到影响。

茶博士TIPS

西湖龙井素有“绿茶皇后”之称，具有多种功效。含有的茶多酚能延缓人体衰老，并能降低胆固醇和和血脂。儿茶素能抑制癌细胞，净化血液。龙井茶中含有的维生素A能起到明目的功效。咖啡碱能消除疲劳，还具有利尿的作用，可用于治疗水肿。

洞庭碧螺春：茶香百里醉

碧螺春最早被称作“洞庭茶”，因产于江苏省苏州市吴县的太湖东洞庭山及西洞庭山而得名，又名“吓煞人香”，后来被命名为洞庭碧螺春。由于茶树散种在桃、李、杏等果树之中，所以碧螺春茶叶具有特殊的花朵香味，“太湖佳茗似佳人”指的就是洞庭碧螺春。洞庭碧螺春属于炒青绿茶，是中国名茶之一。

名茶历史

相传明朝宰相王鳌，为当地盛产的一种茶叶题名为“碧螺春”。可见碧螺春茶始于明朝。

清代也有关于碧螺春的资料记载，王应奎《柳南随笔》记载：于清圣祖康熙皇帝三十八年春，第三次南下太湖期间，巡抚宋荦从当地精致茶中选购“吓煞人香”进贡康熙皇帝，皇帝见此名不文雅，遂取名为“碧螺春”。后人评论碧螺春为皇帝御赐雅名的中国名茶，从此碧螺春便开始崭露头角，成为清朝时期皇室的饮用贡品。

品质特征

洞庭碧螺春条索细瘦，卷曲成螺，色泽银绿翠碧，茸毛丰富，有浓郁的清香和花果香，素有一嫩三鲜之称。冲泡后的汤色清澈嫩绿，清新淡雅，滋味鲜醇，叶底芽大叶小，柔软匀整。当地茶农形容碧螺春“铜丝条，螺旋形，浑身毛，花香果味，鲜爽生津”。

级别

国家对洞庭碧螺春茶按照其本身的基本特征和产品质量分为5个等级。分别为特一级、特二级、一级、二级、三级。其中以特一级、特二级最为名贵。

特一级：原料条索纤细、银绿隐翠、色泽鲜润、卷曲成螺、满身披毫。

特二级：原料条索纤细、卷曲成螺、茸毛披覆、银绿隐翠、清香文雅。

一级：原料条索纤细、卷曲成螺、白毫披覆匀整、嫩爽清香。

二级：茶叶质量好、性价比最高，适合自己品尝和招待朋友。

三级：质量好、价格优势明显，适合日常的家居和办公室饮用。

采制过程

碧螺春的采摘原料主要是幼嫩茶叶的一芽一叶，采摘时间为从春分开始至谷雨结束，以春分到清明前采摘的茶叶最为珍贵。碧螺春的采摘有以下三个特点。

摘得早：一般是清晨开始采摘，通常采摘一芽一叶的初展。

采得嫩：碧螺春一般采摘的是刚刚初展的一叶一芽的茶芽。每炒制一斤的成品碧螺春大约需要用时6.8万～7.4万颗茶树芽。

捡得净：将采摘的茶芽进行分拣，剔除不符合标准的鱼叶、老叶和过长的径梗，使剩下的茶叶均匀一致，以便后面的加工。同时，碧螺春的分拣过程也是茶叶鲜叶的摊放过程，这样可以使茶叶的内含物质得到轻度的氧化，为后面碧螺春的炒制奠定基础。

选购

一闻：正品碧螺春有一股特有的花果香，如果打开包装没有那种特有的花香果香味，则为伪造的碧螺春。

二摸：判断茶叶的干燥程度。任意找一片干茶，放在拇指和食指指尖，感觉条干好，不触手为宜。

三看：一般正品碧螺春茶叶颜色嫩黄，浑身是毫。倘若是假的，茶叶颜色发黑、发暗，茸毛都是附在表面的。

四泡：先将水倒入杯中，再将茶叶投入水中，这种方法称为上投法。将碧螺春轻轻投入水中，茶叶开始沉底，有“春染海底”之誉。茶叶上带着细细的水珠，约2分钟后几乎全部舞到杯底了，只有几根茶叶在水上飘着，在水中慢慢绽开，色泽浅碧新嫩，香高清雅。

五品：品尝碧螺春会感到鲜润爽口，香味浓郁，回味甘甜，带有浓浓的花香和果香味。而假的碧螺春初次品尝会感到淡而无味，而后会感到苦涩刺喉，没有花果味。

储存方法

碧螺春储存条件十分讲究。储存法分为传统和家用储存法。传统储存法又分为生石灰储存法和木炭储存法。这两种方法的原理相似，分别是以生石灰和木炭作为干燥剂，来吸取密封罐中的潮气。家用储存一般为塑料保鲜袋包装储存法，将茶叶放进塑料袋中，分层紧扎，隔绝空气，再将密封好的茶叶放进冰箱内储存。

冲泡方法

冲泡洞庭碧螺春一般选用上投法，也有少数人选用中投法来冲泡碧螺春。

冲泡步骤

冲杯：用开水冲泡水杯，一则可以温杯，二则可以洁杯。

备水：将开水倒入茶壶中，敞开盖，使水蒸气的蒸发，水温降至80℃，以便冲泡茶。

赏茶：鉴赏碧螺春的干茶，可以欣赏到碧螺春的形美、色艳、味醇、香浓。

冲泡：将开水注入透明的玻璃杯中，以杯子的七分为宜。剩下三分留情，以便观赏。

投茶：将碧螺春投入玻璃杯中，进行浸泡。

品茶：茶叶入水，开始下沉。汤色碧绿，茶叶的一芽一叶在水中荡漾，如绿云翻滚，茶香四溢，清香袭人。

注意事项

洞庭碧螺春属于绿茶。一般绿茶采摘的原料主要是茶叶幼嫩茶芽，因此冲泡碧螺春一般选用70℃～80℃的水温，水温过高，容易破坏茶叶中的营养成分；水温过低，可能使茶叶、茶芽得不到舒展，也会影响茶叶的香味，达不到香高浓郁的效果。

茶博士TIPS

洞庭碧螺春中的茶多酚、咖啡因可刺激人体的中枢神经，使人精神焕发，达到提神益智的效果。茶中的咖啡因、叶酸和芳香类物质等多种化合物，能加快人体新陈代谢，尤其对蛋白质和脂肪有很好的分解作用。此外，碧螺春茶还具有抗菌、抗癌、强心、解痉的功效。

信阳毛尖：绿茶之王

信阳毛尖也称“豫毛峰”，属烘青绿茶类，素有“绿茶之王”的美誉，是河南省著名特产。信阳毛尖品质优异，一向以“细圆挺直、光滑多毫、味浓香高、汤色碧绿”等独特风格而享誉中外，备受人们的青睐。

名茶历史

唐代时期，茶叶生产开始进入兴盛时期，茶圣陆羽编写的世界第一部《茶经》问世，书中讲道，全国盛产茶叶的13个省42个州郡，被划分为八大茶区，其中河南信阳属淮南茶区。

北宋时期，宋代大文学家苏东坡尝遍各地名茶，而最后挥毫称赞道，“淮南茶，信阳第一。”由此可见，信阳毛尖茶叶早在宋朝就颇负盛名了。

清朝时期，信阳毛尖茶的生产得到迅速发展。季邑人蔡竹贤倡导开山种茶，发展面积达20多万平方米的茶园，逐渐完善了毛尖的炒制工艺。清朝末期，则出现了细茶信阳毛尖。

到了民国，茶叶的生产得到大力发展，信阳茶区先后成立了五大茶社，加上之前的三大茶社，统称为“八大茶社”。这八大茶社引进和吸收了新的制作技术。1913年产出了品质上乘的本山毛尖茶，命名为“信阳毛尖”，将信阳毛尖的茶品推向了新的高潮。

品质特征

信阳毛尖的色、香、味、形均有独特个性。

形：外形细紧圆直，多白毫，白毫遍布苗锋。

色：色泽翠绿而光润、干净，不含杂质。

香：香气高雅、清新。

味：味道鲜爽、醇香、回甘。

冲泡后香高持久，滋味浓醇，回甘生津，汤色明亮清澈。优质信阳毛尖汤色嫩绿、黄绿或明亮，味道清香扑鼻。

品种级别

按照采摘时间不同，将信阳毛尖分为明前茶、谷雨茶、春尾茶、夏茶和白露茶。

明前茶：于清明节前采制，采摘的原料几乎为100%嫩芽头，属于信阳毛尖最高级别的茶。特征是芽头细小，白毫显露，汤色明亮。

谷雨茶：于谷雨前采摘，主要采摘成形的一芽一叶。档次仅次于明前茶，但是茶味稍重，主要适合中档消费的人群。

春尾茶：于春天末期前采制，采摘的茶叶一般叶肥汁多，与前两种茶最大的特点为经久耐泡、好喝。价位相对比较便宜，这种茶适合大众人群。

夏茶：于夏天采制的茶，一般采摘的茶叶比较大，比较宽。冲泡味道浓厚、微苦，且耐泡。

白露茶：于白露前采摘，具有一种独特的甘醇清香味，尤受茶客喜爱。它不像夏茶那样干涩味苦，也不像春茶那样鲜嫩，不经泡。

信阳毛尖一般分为5级。

特级：一芽一叶初展占85%以上。外形紧细圆匀称，色泽嫩绿油润，多毫，香气高爽，持久，滋味鲜爽，汤色鲜明。叶底嫩匀，芽叶成朵，叶底柔软。

一级：一芽一叶或一芽二叶初展占85%以上。外形条索紧秀、圆、直、匀称，白毫显露，色泽翠绿，叶底匀称，芽叶成朵，叶色嫩绿而明亮。

二级：一芽一二叶为主，不少于65%。条索紧结，圆直欠匀，白毫显露，色泽翠绿，稍有嫩茎，滋味醇厚，香气鲜嫩，有板栗香，汤色绿亮。叶底绿嫩，芽叶成朵，叶底柔软。

三级：一芽二三叶，不少于65%。条索紧实光圆，直芽头显露，色泽翠绿，有少量粗条，叶底嫩欠匀，稍有嫩单张和对夹叶，滋味醇厚，香气清香，汤色明净。叶底较柔软，色嫩绿较明亮。

四级：正常芽叶占35%以上。外形条索较粗实、圆，有少量朴青，色泽青黄，滋味醇和味正，汤色泛黄清亮，叶底嫩欠匀。

五级：正常芽叶占35%以上。条索粗松，有少量朴片，色泽黄绿，滋味平和，香气纯正，汤色黄尚亮。叶底粗老，有弹性，没有产地要求。

采制过程

信阳毛尖的采制工艺分为现代机械工艺和传统的手工工艺，现在采用较多的为机械工艺。机械工艺的具体步骤如下。

筛分：将采摘的鲜叶按不同的品种、不同时间、不同等级进行分类分等，剔除异物，分别摊放。

摊放：要求室内温度在25℃以下，将筛分后的鲜叶每隔一小时左右轻翻一次。摊放时间根据鲜叶级别控制在2～6小时为宜，直到茶叶的青气散失为止，摊放过程才告结束。

杀青：机械杀青宜采用滚筒杀青机。杀青后的茶叶含水量控制在60%左右。杀青适度的标志是手捏叶质柔软，紧握成团，略有弹性，略有黏性，青气消失，叶色暗绿，略带茶香。

揉捻：使用适制名优绿茶的揉捻机，摊晾后的杀青叶宜冷揉。投叶量视原料的嫩度及机型而定。揉捻时间视茶叶高低档次不同而不同，一般高档茶控制在15～20分钟，中低档茶控制在20～25分钟。在揉捻的同时根据叶质老嫩适当加压，当揉捻叶表面粘有茶汁，用手握后有黏湿的感觉即可。

解块：机械解块宜使用适制名优绿茶的茶叶解块机，将揉捻成块的

叶团解散。

理条：使用适制名优条形茶的理条机，理条时间不宜过长，温度控制在90℃～100℃，投叶量不宜过多，时间在5分钟左右为宜。

初烘：采用适制名优绿茶的网带式或链板式连续烘干机进行初烘。根据信阳毛尖茶叶品质，要求进风口温度控制在120℃～130℃，时间宜在10～15分钟，初烘后的茶叶中的含水量在15%～20%。

摊晾：将初烘后的茶叶，及时摊晾4小时以上。在室内摊晾，避免阳光。

复烘：复烘仍在烘干机中进行，温度以90℃～100℃为宜，要求含水量控制在6%以下。

选购

看一看：看茶叶的色泽和形状。顶级的信阳毛尖的外形圆直光润，呈细条，色泽鲜绿，而且叶缘有细小的锯齿，嫩茎圆形，叶片肥厚绿亮。正宗毛尖无论是陈茶还是新茶，冲茶汤颜色都偏黄绿，色泽匀整、嫩度高。茶条外形整齐均匀，条索紧实，粗细一致。

捻一捻：抓起一把信阳毛尖，拿到手里要唰唰作响。放在食指和拇

指之间，用力捻一捻，看看它的干燥程度。一般炒制好的信阳毛尖的含水量非常严格，不能过高也不能太低。因此信阳毛尖的最佳标准含水量以保持6.5%左右为宜。

尝一尝：取少许信阳毛尖干茶叶，放到舌头上尝一尝，其滋味分别为苦、涩、甘甜、清爽，正品信阳毛尖富含大量的有机物、茶多酚和芳香物质，其味道比一般的茶叶要醇厚得多。

储存方法

信阳毛尖茶叶的吸湿及吸味性都比较强，信阳毛尖需要在密封、干燥、避光等条件下储存。如果茶叶保存不当，就会失去信阳毛尖原有的茶香味道。适合信阳毛尖的储存方法有冰箱冷藏法、木炭储存法和暖水瓶保存法。

冲泡方法

冲泡特级信阳毛尖以选择上投法为宜，其他级别的信阳毛尖应采用下投法（即先投茶，后冲水）。

赏茶：需先将茶叶装入茶壶内，此时可将茶壶递给客人，鉴赏茶叶外观。特级信阳毛尖外形条索紧细、圆、光、直，多白毫，成细条，色泽碧绿，油润光滑。

烫杯：用壶里的热水采用回旋斟水法浸润茶杯，一可以洁具，二可以提高茶杯的温度。

加水：用茶壶向杯中注水，以水注到杯身的七成满为宜，注水时注意水的温度要达到90℃以上，这样才能在投茶时使水温在85℃左右。

投茶：上投法，用茶匙把茶荷中的信阳毛尖均匀拨到玻璃杯中。

冲泡：等待茶叶吸足水分，逐渐下沉慢慢展开，冲泡时间为3～5分钟。

品茶：当一杯茶香四溢的信阳毛尖浸泡好了，就可以品尝了。信阳

毛尖内质香气高鲜，滋味醇厚，带有熟板栗香，汤色鲜绿，晶莹透亮，叶底嫩绿匀整。

注意事项

冲泡信阳毛尖时，需要注意以下两点。

1. 冲泡特级信阳毛尖大概的投茶量可用1：50的比例。水温要在85℃左右，浸泡时间3～5分钟。信阳毛尖的等级越高芽越多，而冲泡的水温要越低，主要是怕把信阳毛尖的嫩芽烫坏。

2. 信阳毛尖冲泡时间不宜太长，时间太长味道反而不好。同时，记住一句信阳话："好茶多放，次茶少放。"因为等级高的信阳毛尖芽头多且嫩，如果茶叶放少了香醇味不够，而等级低的信阳毛尖因为叶多芽少，如果放多了茶叶味道太苦，影响口感。

茶博士TIPS

信阳毛尖含有丰富的蛋白质、氨基酸，具有生津解渴、清心明目、抑制动脉粥样硬化及防治坏血病等多种功能。茶叶中所含的茶多酚具有明显的抗癌作用。信阳毛尖茶还能降低血液中的血脂和胆固醇含量。

黄山毛峰：名山出名茶

黄山毛峰是产于安徽省黄山一带的烘青绿茶，又称徽茶。由于该茶白毫披身，芽尖似峰，故取名“毛峰”，后冠以地名为“黄山毛峰”。

名茶历史

据《徽州府志》记载：“黄山产茶始于宋之嘉祐，兴于明之隆庆。”说明早在宋代，黄山就已经产茶。

到了明代，人们采摘的茶有“黄山云雾茶”之称。据《黄山志》称：“莲花庵旁就石隙养茶，多清香冷韵，袭人断腭，谓之黄山云雾茶”，传说这就是黄山毛峰的前身。清朝时，《安徽茶经》中记述：“黄山毛峰起源据说在光绪年间，距今已有七八十年。当时黄山一带原产外销绿茶，而该地谢裕大茶庄则附带收购一小部分毛峰，远销东关，因为品质优异，很得消费者欢迎。”

以上历史记载表明，黄山毛峰是由清朝光绪年间谢裕大茶庄所创制。

品质特征

特级黄山毛峰条索细扁，形似“雀舌”，带有金黄色鱼叶（俗称“茶笋”或“金片”，有别于其他毛峰特征之一）；芽肥壮、匀齐、多毫；香气清鲜高长；滋味鲜浓、醇厚，回味甘甜；汤色清澈明亮；叶底嫩黄肥壮，匀亮成朵。黄山毛峰的品质特点概括起来是香高、味醇、汤清、色润八个字。

品种等级

黄山毛峰的品种依产地不同主要分为两种，黄山大叶种和祁门槠叶种。

黄山大叶种品质优异，适合制作黄山毛峰，其成品锋苗粗壮，白毫显露，色泽翠绿，清香持久，滋味浓醇。

祁门槠叶种，发芽齐整，芽头密，适应性和抗低温性强，干茶产量大。

黄山毛峰分特级和一级、二级、三级4个级别。其中以特级为名优茶类，以一芽一叶初展为原料，同时自然环境优越，土壤肥沃、气候适宜、雨量充沛，还兼有高山深谷、岩壁陡峭、溪水长流、泉清湿度大，茶树终日处于烟雾笼罩之中，因而造就了特级毛峰的叶肥汁多、经久耐泡的别具一格风味。

制作过程

黄山毛峰的制作分为杀青、揉捻、烘焙3道程序。

杀青：即炒制黄山毛峰，要求翻炒要快，手势要轻，撒得要开，扬得要高，捞得要净。茶叶的杀青程度要适当地偏老些，使芽叶表面失去光泽，质地柔软，清气消失，茶香显露。

揉捻：即杀青后用手抓带几下，起到轻揉和理条的作用。揉捻时要求力度要轻，速度要慢，一边揉一边抖，这样做的目的就是要确保茶芽显露，芽叶完整，银毫披身，色泽绿润。

烘焙：分初烘和足烘。烘焙后的茶叶水分全部消失，剔除杂质后再烘一次，使茶香散发，然后趁热装入铁桶，密封保存。

选购

看其色：黄山毛峰色如象牙，翠绿之中略泛微黄。

观其形：形似雀舌，银毫显露，条形扁平，稍微卷曲，绿中泛黄且带有金黄色鱼片。

品其味：黄山毛峰味道醇厚，鲜爽润口，回味甘甜，带有白兰

花的清香味。

尝其汤：汤色明亮，带有杏黄色，汤鲜味浓。

嗅其香：香高味浓、持久，香气清鲜高长。香中带有淡淡的花果的甜香味。

查其叶：叶底肥厚，芽头壮实，黄绿有活力，均亮嫩黄。

储存方法

对黄山毛峰可以选择低温储存法、塑料袋或铝箔袋储存法和金属罐装储存法。这3种储存方法，无论选择哪种，都要求茶叶储存的环境要干燥、阴凉、空气流通、无光照。

冲泡方法

温杯：用75℃～85℃的热水温冲淋茶杯及杯盖，沿杯身转两圈倒掉，使茶杯均匀受热。清洁茶叶的同时可以提高茶杯的温度。

投茶：在杯中加入1/4的水，采用中投法，用茶匙投入3～5克茶叶，1分钟后，轻摇杯身，使茶汤均匀挂杯壁，加速茶与水的充分融合。

冲泡：采用高冲法，借助手腕的力量将茶壶高高举起冲泡杯中的茶叶，使茶叶在水杯中上下翻滚，以便杯中茶汤浓度上下均匀。一般可蓄水2～3次。

品茶：等到茶叶与水充分浸泡后，就可以观茶形、品茶香，黄山毛峰茶素有“香高、味醇、汤清、色润”四绝的称号。色泽嫩绿油润，汤色清澈明亮，如杏黄色，味醇厚回甘，香气清鲜，叶底芽叶成朵，厚实鲜艳。

注意事项

黄山毛峰茶用水温度，可根据茶叶质量而定。一般冲泡的茶叶越嫩，水温就越低。对于高级黄山毛峰茶，因选用的原料是幼嫩的茶芽和茶叶，通常以80℃左右的水温为宜。如果水温过高，易烫熟茶叶，致使茶汤变黄，滋味较苦；而水温过低，则易使毛峰茶香不能很好溢出，达不到茶叶的色、香、味俱全的效果。而对于中低档的黄山毛峰茶来说，宜用100℃的沸水冲泡。如果水温低，则茶内溶水物质渗透性差，茶汤味淡薄。

茶博士TIPS

黄山毛峰茶中的咖啡碱能兴奋中枢神经系统，使人精神振奋，还具有强心解痉、利尿等作用。茶叶中的茶多酚和维生素C都有活血化瘀防止动脉硬化的作用，所以经常饮茶的人高血压和冠心病的发病率较低。此外还具有减肥、防龋齿的作用、抗菌抑菌的作用。

六安瓜片：陆羽旧经遗上品

六安瓜片是产于安徽省六安市大别山一带的片形烘青绿茶，是中国传统历史名茶，简称瓜片、片茶。在世界所有茶叶中，六安瓜片是唯一无芽无梗的茶叶，由单片生叶制成。

名茶历史

早在唐代《茶经》里就有关于“庐州六安”的记载。

明代科学家徐光启在他所著的《农政全书》记载道“六安州之片茶，为茶之极品”。

六安瓜片在清朝时期已被列为贡品茶，是绿茶中的精品茶叶。

到了近代，“六安瓜片”被指定为中央军委特贡茶。1971年美国前国务卿第一次访华，“六安瓜片”作为国家级礼品馈赠给外国友人。2007年国家主席胡锦涛参加“俄罗斯中国年”活动并赠送“特级六安瓜片”，由此作为中国国礼赠送给俄罗斯总统普京。

品质特征

六安瓜片，外形像瓜子，自然伸展，边缘微微翘起，色泽宝绿艳丽，大小匀整，清香高爽，滋味鲜醇，汤色清澈透亮，叶底嫩绿明亮。

品种等级

历史上六安瓜片茶根据原料的不同，分为一等“提片”、二等“瓜片”和三等“梅片”。“提片”是采摘最好的芽叶所制成，其质量最优。

现在的六安瓜片分为“名片”和“瓜片”四级，共五个级别。其中“名片”只限于齐云山附近的茶园出产，品质最佳。“瓜片”根据产地的海拔高度不同又可分为“内山瓜片”和“外山瓜片”，其中内山瓜片的质量要优于外山。

六安瓜片的等级标准：六安瓜片的等级具体可以分为极品、精品、通品、而通品中由包括了一级、二级，以及三级，依此排序，六安瓜片的品质便依次下降。

采制过程

六安瓜片的采制技术，与其他名茶不同。通常于谷雨前后十天内采摘，取二、三叶。鲜叶采回后分成嫩叶、老叶分别炒制，芽、茎梗和粗老叶被作为副产品处理。

六安瓜片炒制分生锅、熟锅、毛火、小火、老火5个传统加工工序，烘焙好的六安瓜片茶要趁热装入铁筒，分层踩紧，最后加盖后用焊锡封口储存。

选购

望色：通常情况下，干的六安瓜片茶色泽呈现深度铁青色，透翠、老嫩。从色泽一致，就可以判断出烘焙均匀、烘制到位。

闻香：通过嗅闻六安瓜片茶的清香透鼻的香气来判断优劣茶，如果带有烧板栗那种香味或幽香的则为上乘六安瓜片茶；而如果有青草味，说明炒制工夫欠佳。

嚼味：通过细嚼六安瓜片，可以感到头苦尾甜、苦中透甜的味觉，略用清水漱口后有一种清爽甜润的感觉，则为上等片茶。

观形：通过察看，应具备单片平展、顺直匀整的外形，片卷顺直、粗细匀称的条形，如果形状一致、茶形大小如一，说明炒功到位。

储存方法

六安瓜片茶的储存条件与其他茶叶的储存条件大致相同，要求避光密封，干燥无异味，空气流通，不同的是它要求无积压的环境，温度要控制在0℃～20℃为宜。现在市场上所卖的密封好的茶叶罐一般都是透光的，在使用其茶叶罐储存六安瓜片前，必须先将茶叶用铝箔袋将其包装好，然后再放入茶叶罐中。另外，为了防止茶叶在茶叶罐中吸入空气，加强茶叶的防潮的功能，可以在茶叶罐中加入适量的干燥剂，这样就可以确保茶叶在茶叶罐中储存万无一失了。

冲泡方法

六安瓜片茶的冲泡方法可选上中下，这里我们选用下投法来介绍，要求茶水没过茶叶。

烧水：用电水壶先将泡茶用水烧开，再将开水冷却至75℃～85℃。

温杯：将透明直口茶杯用约80℃的开水冲淋，使茶杯受热均匀。

投茶：将3～5克的六安瓜片，用茶匙放入茶杯中。

洗茶：洗茶要快，将80℃的温开水倒入茶杯中，使得茶水没过茶叶，唤醒茶香。

泡茶：将洗茶水倒去，用80℃左右的水倒入直口玻璃杯中，泡4～5分钟。

品茶：待茶香味析出，就可以观茶形、闻茶香、品茶汤。在品茶的同时可以通过学习“摇香”，使茶叶的香味得到充分的发挥，便于六安瓜片茶大量的有机物能够充分溶解到水中。

注意事项

冲泡六安瓜片茶时，宜采用透明的玻璃杯，这样不仅可以品茗茶香，而且还可以观察茶形。六安瓜片茶一般采用两次冲泡方法，先温杯、温茶叶。茶汤饮至杯中剩余1/3的水量时（切记不宜全部饮干），再续加开水。第二次的茶汤浓郁，饮后齿颊留香，身心舒畅。第三次续水时，一般茶味已淡，续水再饮就显得淡薄无味了。

茶博士TIPS

六安瓜片不仅可以提神抗疲劳、生津止渴、清理肠道脂肪、清热除燥，而且还具有很高的保健价值，具有预防和抑制癌症的作用。除此之外，六安瓜片茶还有延缓衰老、清肝明目、抗菌消炎、消食、美容养颜等作用。

庐山云雾茶：初由鸟雀衔种而来

庐山云雾茶是传统名茶，古称“钻林茶”，是中国名茶系列之一，属于绿茶。庐山云雾茶产于江西九江市境内的庐山，因为庐山有“紫岚雾锁”之名，所以受雾岚浸润的茶取名为“云雾茶”。

名茶历史

据史料记载，庐山种植茶叶始于汉代，至今已有1000多年的历史。

东晋时期，高僧慧远将野生茶培育成家茶，且参禅之前需要种茶、采茶。

唐宋两代时期，庐山云雾茶得到进一步的推广，备受文人墨客的青睐。家喻户晓的唐代大诗人白居易曾经居住于庐山香炉峰。宋代诗人周必大写有“淡薄村村酒，甘香院院茶”诗句。北宋时，开始被列为贡品。

明太祖朱元璋曾屯兵在庐山天池峰附近，因此朱元璋登基后，庐山的名望更为显赫。庐山云雾茶的大量生产正是从明代开始的，很快便闻名全国。明万历年间的李日华曾作诗《紫桃轩杂缀》，即云："匡庐绝顶，产茶在云雾蒸蔚中，极有胜韵。"

新中国成立后，朱德同志对庐山云雾茶也倍加称赞，并作诗一首："庐山云雾茶，味浓性泼辣，若得长时饮，延年益寿法。"

品质特征

由于庐山气候凉爽，雾气缭绕，阳光直射时间短等条件影响，庐山云雾茶芽肥壮，翠绿多毫，条索紧结，香气鲜爽，滋味浓醇甘甜，汤色清亮，叶底嫩绿齐整，是绿茶中的精品，以"味醇、色秀、香馨、液清"而久负盛名。

品种等级

庐山云雾茶因采摘时间的不同划分为明前茶、清明茶、雨前茶、谷雨茶、夏茶、秋茶。从质量等级来分，有特级、一级、二级、三级。

一年之计在于春，一日之计在于晨，庐山的春茶是越早越贵。春茶相对夏茶来说叶片较小，不易采摘，做成干茶需要的鲜叶量更大，且茶香和品质要优于夏茶，所以价格更昂贵。特级、一级茶都是春茶。而夏茶采摘数量大，气温又促使了茶树快生，让茶叶品质开始下跌，不如春茶的鲜嫩。

采制过程

庐山云雾茶优异的品质不仅是因为它有着适宜的自然生长条件，而且还有着不断完善的加工工艺。庐山云雾茶在炒制前先将采摘的鲜叶摊放4～5个小时，再进行茶叶的炒制。它的炒制工艺大致分为杀青、抖散、揉捻、初干、搓条、显毫和再干等7种工艺，最后要筛分细选才可以为成品干茶。

选购

庐山云雾茶具有叶肥汁多、芽叶肥壮、色翠多毫、鲜香醇厚、经久耐泡等特点。假茶或高仿的庐山云雾没有这些特征，尤其是冲泡两次后就无色无味的一定是仿品。若仔细观察茶汤，庐山云雾茶的茶汤清澈明亮，色泽如沱茶，却比沱茶清淡些，青翠如玉。细细品味又如龙井的清香，却比龙井茶味更为醇厚浓郁。

储存方法

干燥储存法是延长庐山云雾茶有效期和茶叶保鲜的最为常用的一种方法。生石灰储存和木炭储存这两种传统的干燥储存方法也比较适宜庐山云雾茶的保鲜。

冲泡方法

庐山云雾茶外形“条索粗壮”，冲泡时采用“上投法”较佳。上投法就是先放水、后置茶，一般用于冲泡高档的庐山云雾、碧螺春等类的多毫且极易下沉的名优茶。尤以紫砂壶为宜。

温杯、温壶：将茶杯和紫砂壶用约90℃的开水冲淋，使茶杯、茶壶受热均匀。

置水：先在紫砂壶中注入适量的开水，以85℃的水温为宜。注水量为3～4杯水量为宜。

投茶：将9～12克的庐山云雾茶，用茶匙放入紫砂壶中。

洗茶：洗茶讲究一个快字，将85℃左右的开水加入紫砂壶中，使茶香唤醒。

泡茶：将洗茶水倒去，注入85℃的开水，大约泡4～5分钟。

品茶：待茶香味析出，就可以观茶形、闻茶香、品茶汤。

泡茶的最高境界是能泡出茶本身的特点，如庐山云雾茶的醇香、清香、白兰幽香等各种味道，喝到嘴里醇厚浓郁，清爽香甜，只觉得茅塞顿开、神清气爽。

注意事项

庐山云雾茶叶厚汁多，茶汤较浓，为避免茶汤过浓，可选用腹大的壶来冲泡。以陶壶和紫砂壶为宜。冲泡时庐山云雾茶与水的比例控制在1∶50左右。庐山云雾茶冲泡的次数不宜太多，一般不能超过3次，第一次可溶物质浸出50%左右；第二次浸出30%左右；第三次浸出10%左右。同时注意不能用100℃的沸水冲泡，否则会破坏幼嫩的茶芽。

茶博士TIPS

庐山云雾茶风味独特，因含单宁、芳香油类和维生素较多等特点，不但味道醇厚清香，怡神解泻，还能助消化，杀菌解毒，同时具有防止肠胃感染，增加抗坏血病等功能。

青　茶

青茶也称为乌龙茶，是一种半发酵类茶，因为介于全发酵茶与不发酵茶中间，所以兼具绿茶和红茶两类茶叶的特点，既有绿茶的清爽香味，又有红茶的浓醇味道，有“绿叶红镶边”的美名，是“茶痴”的至爱。青茶有很多名品，如大红袍、铁观音、冻顶乌龙等。

武夷大红袍：岩韵生香，茶中状元

大红袍，福建武夷山所产，是青茶中的珍品，品质优良，是中国历史名茶之一。大红袍外形条索紧密、壮实，干茶呈绿褐色，冲泡后茶汤呈深橙黄或金黄色，光亮透明，叶片红绿相间，被称为“茶中之王”。

名茶历史

大红袍历史悠久，在商周时期就出现在宫廷中；到西汉时期，初具盛名；唐代孙樵在《送茶与焦刑部书》有“晚甘侯”的记载，这就是武夷茶最早的文字记载；到了宋代，已经称雄国内茶坛，成为贡茶。明末清初，创制了乌龙茶武夷山栽种的茶树，其中就有大红袍。武夷大红袍是武夷岩茶中品质最优的。其最突出的特点是它地处岩骨花香之地，品饮时有无法言说的“岩韵”。

名称由来

大红袍还有一段传说，明朝时，举人丁显上京赴考，路过武夷山时突然得病，腹痛难忍，巧遇一和尚，和尚把收藏的茶叶泡给他喝，喝完之后疼痛消失。后来举人高中状元，前来致谢和尚，脱下大红袍将其披在茶树上，绕茶树三圈，就有了“大红袍”的名字。

品质特征

大红袍茶条紧结壮实，整齐均匀，色泽绿褐，新鲜润泽，开汤后颜色橙黄，香气浓厚，清远持久，耐冲泡，叶底软亮匀齐，红边或带朱砂色。

品种等级

大红袍茶树属无性繁殖，位于武夷山九龙窠内，有6个品系6株茶树，它们不是同一个品种，叶型、发芽期等都不一样。根据是否依单独品系采制加工分为纯种大红袍和商品大红袍。

大红袍根据茶品质分为特级、一级、二级。根据茶青产地不同，还分为：正岩，即茶青采自武夷山风景名胜区，品质最好；半岩，即采自武夷山风景名胜区周边；洲茶，即采自武夷山风景名胜区附近的乡、镇。

采制过程

大红袍的加工程序非常细致，大致分为采摘、初制、精制工序。其中初制又分为萎凋、摊晾、摇青、做青、杀青、揉捻、烘干、毛茶等工序。精制工序又包括：毛茶、初拣、分筛、复拣、风选、初焙、匀堆、拣杂装箱。

其中大红袍的采摘与一般茶叶不同，其鲜叶采摘标准为新梢芽叶开面三四叶，叶面完好、新鲜、均匀一致。鲜叶不可太嫩，也不可太老。而且应尽量避免在雨天采和带露水采；不同品种、不同岩别、山阳山阴及干湿程度不同的茶青，不得混淆。

选购

从外形、颜色、香气、滋味等四个方面来选购。大红袍外形呈条索状，颜色绿褐，润泽或是叶背青中带褐，冲泡后汤水呈橙黄色。不同厂家工艺有差别，香气略不同，但都有共同的特点，即岩骨的花香，而且入口浓醇回甘。

储存方法

大红袍茶叶的吸附性较强，又易吸取异味，而且茶叶的香味部分大都是经过再加工而形成的，所以不稳定，容易自然发散或氧化变质，因此建议在保存时使用这几种方法：干燥箱、热水瓶、冰箱、罐子等。大红袍保存最好不要使用玻璃罐、瓷罐、木盒或药罐，因为这些器具具有透光、不防潮、易碎的缺点，最好使用干燥的罐子或冰箱保存。

冲泡方法

洁具：对于大红袍来说非常重要，首先是必须把盖碗或紫砂壶内外冲洗干净，而且必须热透。

置茶：置茶时，动作尽量快，尽可能地保持盖碗或紫砂壶的温度。

洗茶：大红袍的外形比铁观音要松弛，所以这个洗茶过程可以简单一些。入水之后，就可以马上把洗茶水倒出来。

冲泡：在大红袍的冲泡中，高冲很重要。高冲时，最好让茶叶在盖碗或紫砂壶中翻滚起来。冲水后大约十五秒即可倒茶（利用这时间将温杯水倒回池中）。

分杯：把茶汤均匀地分入各闻香杯中，第一泡倒三分之一，第二泡倒三分之一，第三泡倒满。

闻香：大红袍的香气很高，在冲泡过程中，香气充满了整个屋子。将品茗杯及闻香杯一齐放置在客人面前。把闻香杯中的茶倒入品茗杯中（品茗杯在右，闻香杯在左）。

品茶：大红袍名声在外，所以很多人喝茶的时候都会有点迫不及待的。其实还是要把心情放平和，慢慢吸入，缓缓体味，感受茶带来的意境之美。

注意事项

大红袍投茶量一次约为茶器二分之一左右。水的温度要100℃的沸水，先将茶叶冲洗一次，再用100℃沸水高冲注入壶内，第二泡用100℃沸水，第三泡也是用100℃沸水。对于大红袍来说，盖碗和紫砂壶冲泡都比较适合。

茶博士TIPS

大红袍有茶多酚、茶多糖、茶氨酸三种有益成分，具有抗癌、降血脂、增强记忆力，降血压等良好的作用。还可以增强人体免疫力，促进脑部血液循环的作用。此外还具有减肥、延缓衰老、健胃消食、祛痰治喘、利尿消毒的作用。

安溪铁观音：好喝不好栽

安溪境内出产的茶有铁观音、黄金桂、本山和毛蟹，被称为“四大名旦”，其中以铁观音最为著名，被视为青茶中的珍品，是我国名茶之一。安溪铁观音介于绿茶和红茶之间，清香雅韵，具有一种独特的“观音韵”。“铁观音”既是茶树品种名，也是茶名。安溪铁观音不仅香气高味道醇厚，是一种自然的美味饮品，也是茶叶中养生保健的佼佼者。

名茶历史

安溪产茶历史久远，据《安溪县志》记载：“安溪产茶始于唐末，兴于明清，盛于当代，距今已有一千多年的历史。”早在宋、元时期，在福建安溪境内，不论是寺观或农家均出产茶叶。明代属于制茶的昌盛时期。到了清末，铁观音正式问世后，迅速在虎邱、大坪、长坑等乡镇传播开来，因其品质优异、香味独特，颇受文人墨客的喜好。

新中国成立后，安溪茶业如雨后春笋般地快速发展起来，呈现出崭新的面貌，尤其是生产了乌龙茶中的珍品——铁观音后，为安溪作为“中国茶叶之乡”的地位奠定了基础。

品质特征

安溪铁观音因天性柔嫩纤弱，产量不大，“好喝不好栽”，茶因此而名贵起来。安溪铁观音是青茶中的珍品，有一种天然而浓厚的兰花香，滋味浓醇甘甜，香气持久，有一种特殊的“观音韵”，茶香高而持久，有“七泡有余香”的说法。

干茶略重，墨绿色，茶汤香气浓厚，层次分明，叶底肥厚软亮。

先细啜一口，然后舌根轻转，就可以感受到茶汤的醇厚甘鲜，再缓慢下咽，回甘带蜜，韵味无穷，这就是独特的“观音韵”。

品种等级

根据加工工艺的不同，安溪铁观音可以分为清香型和浓香型两种。

清香型：常见的清汤绿水型，味道清香明朗，带有兰花香，一般分为4个等级，即特级、一级、二级、三级。其中特级的特点为：外形肥壮、条索、圆结、重实；翠绿润，砂绿明显，匀整洁净；香气高而悠长；滋味鲜醇高爽，余韵明显；汤色金黄明亮，叶底肥厚软亮，匀整，余香持久。

浓香型：香气比较浓郁，带有焦糖香、果香等，口感类似岩茶。干茶的色泽呈现暗黄，一般分为5个分级，即特级、一级、二级、三级和低档5个级别。其中特级的特点为：属于高档铁观音，有观音王之称。条形肥壮匀整重实，色泽暗黄，砂绿乌润，叶底肥厚，软亮，红边嘴，有余香，汤色金黄光亮，滋味鲜爽，茶韵芬芳悠长，有兰花香、水蜜桃味、青酸型等多种品味。

采制过程

采制铁观音比一般品种要严苛而细致。其工序：采摘、晾青、晒青、做青、炒青、初揉、初烘、复揉、烘干。

茶青的采摘非常重要，下雨天及阴天不能采，只能早上九点采集到下午四点。茶青的采集以茶芽伸长叶面开面后，采一心二叶，俗称“开面采”。采摘原则是“按标准、及时、分批、留叶采”，采用“定高平面采摘法”，即根据茶树的生长状况，确定采摘面的高度，把纵面上的芽梢全部采摘，纵面下的芽梢全部留养，以形成较深厚的营养生长层，达到充分利用光能，增产提质的目的。

选购

一摸：捡起任意一片干茶，用力捻，如果成粉末，则干燥程度足够；如果是小碎粒，则干燥程度不足，或者茶叶已经吸潮。

二看：条索粗壮、卷曲、呈青蒂绿腹蜻蜓头状，色泽鲜润，明显有砂绿，红点明显，叶表有白霜。

三嗅：闻一闻冲泡后茶叶的香气，如呈馥香型，有清高隽永，醇厚鲜爽，则为上品。如香气初闻很冲，但不细腻，为次品。

四尝：滋味非常浓郁，但舌头不感觉涩，不黏糊，回味甜美。

另外，取少量干茶放入盖碗中，若听到“当当”的清脆声，即为上品。

储存方法

安溪铁观音的储存，一般要求密封、真空、防潮、防压、避光、无异味等条件。这样，在短时间内可以将安溪铁观音的色、香、味、形保存得完好如初。具体可以采用茶叶罐储存法、冰箱储存法和石灰干燥剂储存方法。

冲泡方法

历史上有“观音入宫”的传说，即常采用下投法冲泡安溪铁观音。

洗杯：先烧开水备用，用开水将盖碗、品茗杯等茶具冲洗干净，此过程不仅可以冲洗茶具，而且还有温杯的效果。

置茶：用茶匙取出适量的铁观音茶叶放入盖碗中，茶叶不要过多也不宜过少，一般为茶碗的一半左右为宜。

洗茶：将烧开的开水倒入盖碗中，对茶叶进行冲烫，此过程被人们习惯称为“洗茶”。通过洗茶可以把茶叶中的杂质去除，洗茶讲究一个“快”字，时间不用很长，一般两三秒时间就可以，随后把洗茶水倒掉。

冲泡：再次选用100℃的沸水向盖碗中茶叶进行冲泡，要求冲水量一般在盖碗的九分处就可以了，不宜太满。

出茶：将泡好的茶水倒入公道杯中，为了防止茶渣落入公道杯中，一般要将滤网放在公道杯口，然后再倒茶。

分茶：先把滤网取走，再将泡好的公道杯中的茶水平均分入各个品茗杯中，一般分到品茗杯七分处为宜。俗话说“七分茶十分酒”以表示对客人的尊重。

品茶：这时一杯浓香四溢的铁观音茶汤就泡好了，可以开始品茗杯中的茶水，观茶色形，品茶味，闻茶香。

注意事项

1. 冲泡铁观音的茶具最好选用紫砂茶具，这样泡出来的茶更加有味道。

2. 洗杯时，最好用茶夹子，并做到里外皆洗。一般洗茶的水温度较高，不要用手直接接触茶具，以免烫伤。

3. 把铁观音放入茶具，投茶量约占茶具容量的1/5，投茶量要适

宜，不能过多，也不宜过少。忌饭后马上饮用大量的铁观音茶，因为茶中的鞣酸会影响消化。

4. 沸水泡茶，第一泡一定要洗茶（铁观音属于半发酵茶，只有沸水才能泡出其韵味），一般洗茶水要倒掉，不要喝。分茶一般分到品茗杯七分处为宜。俗话说“七分茶十分酒”以表示对客人的尊重。

茶博士 TIPS

安溪铁观音中的儿茶素能预防癌症，茶多酚和维生素有抗动脉硬化的作用，常饮铁观音能防止糖尿病的发生，同时具有减肥、防龋齿、杀菌、清热降火、提神、清醒头脑、醒酒敌烟的作用。

武夷肉桂：味似桂皮香

武夷肉桂，是中国名茶之一，产于福建武夷山风景区，是选用良种肉桂茶树的鲜叶，用武夷岩茶的制作方法而制成的青茶，是武夷岩茶中的高香品种。其茶品质优异，因“香久益清，味久益醇”而名闻遐迩。

名茶历史

据《崇安县新志》记载，在清代就有武夷肉桂的名字，产于武夷山风景区，最早是武夷慧苑的一个名枞。

20世纪40年代初已是武夷山茶园栽种的十个品种之一，到60年代以来，由于香气品质似桂皮香，逐渐为人们认可，种植面积逐年扩大，现在已成为武夷岩茶中的主要品种。

品质特征

武夷肉桂茶条紧结卷曲，色泽青褐，冲泡后的茶汤有浓郁的桂皮香，上等茶品带乳味，冲泡四五次仍有“岩韵”的肉桂香，入口醇厚回甘，回味无穷，汤色橙黄清澈，叶底黄亮，呈绿叶红镶边状。清代蒋衡的《茶歌》中，对肉桂茶的独特品质特征有很高的评价，指出其香极辛锐，具有强烈的刺激感：“奇种天然真味好，木瓜徽酽桂徽辛，何当更续歌新谱，雨甲冰芽次第论。”

品种等级

武夷肉桂产地众多，茶友为武夷山不同产区的“肉桂”给予不同的称呼，例如：“虎肉”——虎啸岩肉桂，“羊肉”——杨梅窠肉桂，“象肉”——象鼻岩肉桂，“马肉”——马头岩肉桂，“龙肉”——九龙窠肉桂，“猪肉”——竹窠肉桂，“鹰肉”——鹰嘴岩肉桂，“狮肉”——狮子峰肉桂，“心头肉”——天心岩肉桂，“牛肉”——牛栏坑肉桂，在武夷山最出名的肉桂是“牛肉”，即牛栏坑肉桂，品质为优。

武夷肉桂按品质分为高档、中档、低档。其中高档武夷肉桂外形紧结肥壮，青褐色，红点明显，汤色橙黄明亮，香气浓郁持久，似桂皮香，滋味醇厚，岩韵明显，叶底肥厚软亮。

采制过程

武夷肉桂茶的采摘时间是每年五月上旬晴天采摘，一般一年只采摘一季，以春茶为主，“开面采”，上午十点到下午三点完成采摘，采摘当天完成晒青。采摘后有做青、杀青和揉捻、烘干拣梗、复火等工序。其中做青是决定武夷肉桂品质的关键性工序。

选购

察外形：上等武夷肉桂茶茶条紧结卷曲，中等大小，色泽乌褐或蛙皮青，干茶上常有一层白霜。

闻香气：上等的武夷肉桂茶香气纯净馥郁，有花果香，像肉桂香或乳香，冲泡后更有香气在水里，有的三四泡才会出现，需静心体会。

品滋味：好的武夷肉桂茶醇厚浓郁，冲泡后叶底舒展软亮，鲜活，这是活茶。有些普通茶为掩盖原料及工艺的缺陷，而依靠高火或伤火，使叶子死黑紧缩泡不开，是死茶，并非滋味浓厚。

储存方法

可选用双层铁盖的茶叶盒或深色玻璃瓶，放入干燥剂，分层存放。也可以放入干燥的保温瓶中，或放入冰箱内保存，温度宜在0℃～10℃之间，要干燥、洁净、避光、低温、少氧。忌水分含量高、接触异味、光线照射、高温环境、暴露于空气中。

冲泡方法

1. 取茶。一般会选8克左右的茶叶量，但也看人数多少和容器大小。茶叶量少了味道会淡，量多了会浓。

2. 注水。选择100℃的沸水，因肉桂以香辣桂皮味出名，所以高温才能将其香味泡出。选择高冲注水，从一侧慢慢地由低到高注水，让茶叶在冲泡器中翻滚起来，并能将茶末挤到一边。

3. 闷杯。想喝浓茶可以闷时间稍长，但不能太长，否则会把肉桂茶香掩盖。第一次10秒～1分钟，第二次20秒～1.5分钟，第三次30秒

~3分钟较为适宜，以后时间逐渐延长，优质武夷肉桂茶可以冲泡六次以上。

4. 闻茶香，观茶汤，分三口品饮。

注意事项

冲泡武夷肉桂的最佳器具是紫砂壶，因为紫砂壶才能把肉桂骨子里的香气散发出来。

茶博士TIPS

武夷肉桂茶有镇静、降压、健胃、降温功效。此外还有防癌、防辐射、抗衰老、抗变异、提高免疫力的功效。武夷肉桂茶在福建农林大学提交的研究报告中，被誉为“健康之宝”，国际茶界评价武夷肉桂茶是“万物之甘露，神奇之药物”。

冻顶乌龙：台湾南冻顶

冻顶乌龙茶，又称冻顶茶，产自台湾南投县鹿谷乡冻顶山，有“北文山，南冻顶”的美誉，被称为“茶中圣品”。因冻顶山，山雾多路滑，上山采茶需要绷紧脚尖（冻脚尖），避免滑下去，山顶叫冻顶、山脚叫冻脚。所以冻顶茶产量有限，非常珍贵。

名茶历史及传说

冻顶山产茶年代久远，据《台湾通史》记载：台湾产茶，其来已久，旧志称水沙连社茶，色如松罗，能避瘴祛暑。

传说一，清朝咸丰五年（1855年），台湾南投县鹿谷乡村民林凤池，去福建考试，回台湾时带回武夷乌龙茶苗36株种于冻顶山等地，逐渐发展成今天的冻顶茶园。

传说二，是世代居住在鹿谷乡的苏姓家族，其先祖于清朝康熙年间从中国大陆移居台湾，自乾隆年间在“冻顶山”开垦种茶。

品质特征

冻顶乌龙茶成茶外形卷曲呈半球状，色泽墨绿，有天然的清香气，冲泡时茶叶自然冲顶壶盖，汤色黄翠，香气似桂花香，带焦糖味，滋味甘醇浓厚，带明显焙火韵味。因为香气独特，传说帝王常用来泡澡茶浴。

品种等级

冻顶乌龙茶按品质不同分为上等品和次等品。

上等品外形条索弯曲紧密，纯墨绿色，香气幽远。冲泡后茶汤呈橙黄色，有花果香。茶汤醇厚甘润，回味无穷，耐冲泡。叶底边缘呈金黄色，叶中呈淡绿色。

次等品外形弯曲不卷曲，带黄褐色，香气低，需要拿起茶叶才能闻到香味。茶汤淡黄色，略带泥土气味，花果味淡薄。茶汤略有苦涩，不甘甜，冲泡一两次就没有味道了。叶底单一颜色，边缘无金黄色，叶中断碎，呈暗褐色。

采制过程

冻顶乌龙茶的采制工艺十分精细，需要采摘青心乌龙等良种芽叶，经晒青、凉青、浪青、炒青、揉捻、初烘、团揉（反复多次）、复烘、再焙火而制成。冻顶茶春夏秋冬四季均可采摘，采摘未开展的一芽二、三叶嫩梢。冻顶乌龙茶制作过程分初制与精制两大工序。初制中以做青为主要程序。

选购

一般来说核心产区茶品优质，其他茶区次之。上等冻顶乌龙茶外观和内质都不同于次品。选购冻顶乌龙茶要注意它的色、香、味、形。

一看形：条索弯曲紧结，色泽墨绿，有灰白点状的斑，干茶有幽远的茶香。

二观色：冲泡后的汤色橙黄明亮。

三品味：茶汤滋味醇厚，回甘强，像桂花香。

四观叶底：叶底中央呈淡绿色，带红边。

储存方法

冻顶乌龙茶既有不发酵茶的特性，又有全发酵茶的特性。茶叶极敏感，受潮或遭阳光暴晒，茶叶就会变色、变味、变质。储存时，宜使用密封性佳、不透气、不透光的白铁罐（锡罐）。不宜选用塑料袋，因为塑料袋易和绿茶起化学作用，失去原有的味道。也不宜选用玻璃罐，因为阳光射入会和茶叶产生化学变化。同时注意，相同茶叶量大的时候要分成多罐保存，不同种的茶叶应分开保存。取茶时应用茶匙而避免用手。冻顶乌龙寿命较长，不藏冰柜，可以保存二、三年。

冲泡方法

冲泡法分为盖碗泡茶法和茶壶泡茶法，以下重点介绍茶壶泡茶法。

洗壶：以沸水冲泡茶壶、茶具。

置茶：用茶荷将茶叶取出适量放入壶中，一般放置茶壶容量1/3的茶叶。

冲泡：冲入95℃～100℃开水，使泡沫溢出，随即加盖，并将茶汤倒入茶船之中；再次冲入开水。

冲壶：随即从壶盖上冲浇开水使茶壶内外保温，目的是充分浸出滋味发挥香气。

冲泡时间：冲泡时间由短而长，第一次短以后慢慢增加。泡茶时间长短不同，茶汤中可溶物的量与质也不同，因此冲泡茶的时间长短直接影响茶汤品质。

倾倒茶汤：将茶倒入公道杯，再倒入闻香杯，随即将闻香杯置于鼻前，闻其香味。其目的为了品尝“杯底留香”“温香”“次香”，愈是好茶，留香愈久，香气愈富变化。

品茶：先闻其香，再观茶色，进而品其味，冻顶乌龙茶具有明显的花香，似桂花香，香气清纯持久，芳香甘醇，生津解渴，提神醒脑。

注意

茶壶宜选用宜兴紫砂壶，传热慢，保温性好，且造型变化多端，十分雅致。冬季使用时要先温壶，再加入热水，否则可能会爆裂。

茶博士TIPS

乌龙茶中含有的多酚类能够抑制齿垢酵素的产生，所以饭后饮用一杯乌龙茶，可以防止齿垢和蛀牙的发生。乌龙茶的多酚类能消除危害健康的活性氧，具有美容的功效。同时还可以抑制过敏性皮炎，改善皮肤过敏的功效。

凤凰单丛：来自潮汕屋脊

凤凰单丛茶，是半发酵茶，属于青茶品种之一，是全国六大茶类之一。产自广东省潮州市凤凰镇乌岽山茶区，这里是国家级茶树、地方良种“凤凰水仙种”的原产地，而凤凰单丛就是从凤凰水仙品种中分离筛选出来的优异的单株，它是茶树品种中花香最清高，花香最多样的高香型名茶品种。

名茶历史和传说

潮州凤凰山的产茶历史源远流长，有学者将潮州的产茶史追溯至唐代。唐朝时期就已经有茶农在凤凰山种植和制作茶叶了。传说宋帝南逃时路过凤凰山，口干舌燥，侍从们遂采下类似鹪嘴的树叶（茶叶），烹制成茶，宋帝饮后止渴又生津，大为赞赏，遂命名为“宋茶”。后来人们开始广泛栽种，并改称为“宋种”或叫鹪嘴茶。

明朝嘉靖年间的《广东通志初稿》记载：“茶，潮之出桑浦者佳”，当时潮安已成为广东产茶区之一。清代，凤凰茶被人们所熟知，

成为全国名茶。20世纪90年代以来，潮安茶区面积不断增长，茶叶品质不断提高。1991年，杭州国际文化节上，凤凰单丛荣获文化名茶奖杯。现在不仅在国内广受好评，还远销日本、新加坡、美国等地。

品质特征

茶条重实紧结，匀整挺直，色泽黄褐油润，带有朱砂红点；冲泡后香气浓郁持久，有独特的天然兰花香，滋味醇厚鲜爽，润喉回甘；汤色金黄清，叶底边缘朱红，叶腹黄亮，素有“绿叶红镶边”之称，回甘力强，耐冲泡，具有独特的山韵和喉韵。

品种等级

凤凰单丛茶以花香闻名，品种众多。因凤凰单枞茶香气、滋味的不同，习惯将单丛茶按香型分为黄枝香、芝兰香、桃仁香、玉桂香、通天香等多种。其中黄栀香、芝兰香、桂花香、杏仁香、蜜兰香、夜来香、姜花香、肉桂香、茉莉香，玉兰香为凤凰单丛的十大香型。

另外，也可以分为中熟种茶和迟熟种茶。桂花香单丛、柚花香单丛、姜花香单丛、杏仁香单丛等，都是在清明后四五天采摘的中熟种茶。谷雨至立夏前后采摘的是迟熟种，有宋种八仙、玉兰香、夜来香、

老仙翁等。根据发酵程度和焙火的火候区别，凤凰单丛茶又可分为“浓香型”和“清香型”两种风格。

凤凰单丛的每一款茶分一级、二级、三级和特级四等。

采制过程

凤凰单丛茶千姿百态，具有独特的花香，是历代茶农在传统工艺的基础上不断的改革、创新，精心制作而成的。从单株培育、单株采制、单株鉴定，每一步都非常重要。具体的工序从采摘开始，到烘焙结束。

凤凰单丛茶的采摘，是手工或手工与机械生产相结合。其制作过程分为晒青、晾青、做青、杀青、揉捻、烘焙6道工序。其中的所有工序都环环相扣，每一工序都为下一工序奠定基础，都非常重要，稍有疏忽，成品茶就不是单丛品质，而降为浪菜或水仙级别，品质价格相差甚远。

选购

看外形：凤凰单丛茶细长、紧结、乌润为佳，黄片少为佳。断碎过多、霉变的不要选购。好的干茶可以见保留着小的白色的芽头，证明制作精良。

观汤色：凤凰单丛茶以金黄明亮或者橙黄明亮为佳。

闻香气：干茶香气：舒缓者上，有清新的自然花香，是好茶。香气细锐不易察觉但是香感非常舒适的，是极品。闻干香最好是把盖碗烫热，然后放干茶，摇一摇逼出香味。低档单丛，香气高飘刺激，但很快消失，这是添加了香精或工艺不好。或者香气浊，这是火功太大。中档单丛香气高长持久，馥郁宜人，但茶汤里的香味比较弱。高档的单丛茶汤里香气缭绕，细锐绵长，自然舒适，悠悠回味，每泡的时候都感觉不太相同，真正齿颊留香。单丛有一个奇特的香味感受方法，就是闻冲泡后的杯盖内部。低档单丛杯盖香低甚至无，中档单丛杯盖香，但是不持久，拿着晃一下，杯盖里的香走一小半。高档单丛，雅致香紧紧抓牢杯盖，猛晃也不散，而且很持久。

品滋味：低档浓香单丛味有火味，低档清香的味薄貌似鲜爽但易苦涩。中档的浓香味厚而醇滑，有层次感。中档的清香比较爽口，回甘也不错。高档的茶汤里都有香味，厚重绵滑醇和，回甘有力而不刺激，久泡不苦涩，舌底生津，自然舒适。

看叶底：肥厚、鲜嫩完整、明亮、柔软，看着舒服为佳。

储存方法

凤凰单丛的保存方法要防潮、避光。最好是用锡盒或瓷罐，其次是铁盒、木盒、竹盒等。铁盒尤其要注意置于阴凉处，避免阳光直射。也可以选用厚实的密封袋装茶叶。如果茶叶受潮，要用干燥的电器进行茶叶干燥，但时间不能太长。

冲泡方法

温壶、杯：向茶壶、茶杯中注入开水温烫茶壶。

置茶：将茶叶6~10克投入茶壶。

润茶：用悬壶高冲法，倒95℃~100℃的水至满。

刮沫：壶盖由内向外水平刮去浮沫，此为醒茶。

正泡：冲水至满后，盖好壶盖，用沸水浇淋茶壶，为壶体加温，散发茶香。

分茶：循环低斟，茶壶似巡城的关羽，所以称为“关公巡城”。目的是使茶汤浓淡一致，低斟是不使香气散失过多。剩余茶汤要滴干，不能与下一泡混合。这些是全壶茶汤中的精华，应一点一滴平均分注，因而被称为“韩信点兵”。

品饮：控净茶汤后即可品饮。

注意事项

一般1～6泡3～5秒，7～12泡5～10秒，13～20泡10～20秒，不要机械套用，要根据个人喜好、壶的大小和季节灵活调整。

茶博士TIPS

凤凰单丛茶中的多酚类能抑制齿垢酵素产生，可以防止蛀牙的发生。多酚类的抗氧化作用还能消除活性氧，保持肌肤细致美白。同时有抑制皮炎、瘦身的效果。还有抗肿瘤、降低胆固醇含量、预防老化的功效。

红　茶

红茶是我国第二大茶类，有很多名品，如正山小种、祁门红茶、宁红等。这些名品中祁门红茶最为著名。红茶在加工过程中减少了绝大部分茶多酚，产生了茶红素、茶黄素等新成分，所以具有红茶、红叶、红汤、浓醇香甜的特征。

正山小种：红茶鼻祖

正山小种，产于福建省武夷山市，又称拉普山小种，和外山小种合称为小种红茶。首创于福建省崇安县，是世界上最早的红茶，所以也称为红茶鼻祖，距今已有400多年的历史。

名茶历史

正山小种红茶生产历史悠久。1717年，崇安县令陆延灿著《续茶经》中称："武夷茶在山者为岩茶，水边者为洲茶……其最佳者名曰工夫茶，工夫茶之上又有小种……"，首次提到"小种"一名。

明朝中后期，世界红茶鼻祖——正山小种诞生在武夷山市星村镇桐木关。红茶的出现非常偶然，据说是明朝的一支军队夜宿茶厂，把茶树鲜叶当成床垫，致使茶叶被积压发酵变成黑色，还发出一种特殊的气味。心急如焚的茶农只好用松木把它们烘干，然后挑到很远的星村贩卖。没想到第二年就有人早早预定，之后桐木关不再制作绿茶，专门制作正山小种了。

清朝中期，是正山小种最辉白的最爱。

2005年，桐木关江氏后人在正山小种的基础上研发出金骏眉，由此带动了红茶产业的发展，中国红茶开始了复兴之路。

品质特征

正山小种外形乌黑油润，条索肥壮，冲泡后茶汤红润，滋味甘醇，带有桂圆汤味，经久耐泡，气味芬芳，有馥郁的松烟香，加入牛奶后茶香不减，形成糖浆状奶茶，液色更加绚烂。

品种等级

正山小种以在制作工艺上是否用松针或松柴熏制而成分为烟种和无烟种，用松针或松柴熏制的，称为“烟正山小种”，没有熏制过的称为“无烟正山小种”。

根据茶叶品质和采制标准的不同分为金骏眉、银骏眉、小赤甘和大赤甘。

从精制工艺上分为特等茶和等级茶。等级茶又分为特级、一级、二级、三级。

采制过程

正山小种的采摘要在清明节前，并且是采摘嫩芽，采摘后还需要对茶叶进行分等级去碎片等工艺。

采摘后要经过萎凋、揉捻、发酵、烘焙等工序制作而成，其中烘焙是非常重要的工序，其带有的松香香气正是从这一道工艺中才散发出来的。

选购

一看外观。正山小种茶条索肥壮、匀整紧结、圆直，色泽乌润，闻起来芬芳浓烈。如果茶叶的形状不是均匀一致，碎片比较多，说明茶叶质量不好。用手摸，感觉太坚硬干燥的茶叶，不是好茶叶。好茶叶触感比较温和、温润。

二看汤色。上等正山小种茶汤黑褐色偏红，清澈，透亮，茶汤和茶碗的交界处会有一层晶亮的深黄色茶圈。

三闻香味。正山小种的茶叶分为有烟型和无烟型，有烟型的茶叶闻起来有一股浓浓的松烟香和桂圆香气，因为茶叶是用松针进行熏制的。无烟型的正山小种呈蜜糖香味。

四品滋味。正山小种茶滋味浓醇、甘甜，有微微的苦涩。如果味道很苦或特别甜，可能是加入了其他添加剂，便不是好茶。

五看叶底。正山小种的上品叶底红艳饱满，颜色浓稠。

储存方法

正山小种茶的保存方法主要有以下两种。

1. 陶瓷罐储存。将正山小种放入带有双层盖的陶瓷罐内，要装得满满的不留空隙，尽量减少罐内空气。然后将盖子拧紧，用胶带粘好缝隙，放到阴凉干燥的环境中存放，注意避免阳光直射。

2. 冰箱冷藏法。将茶叶放入密封干燥的容器内，存于冰箱内冷藏。为了防止茶叶受潮或气味散发，最好在容器外面包一层塑料薄膜。冰箱的温度在5℃～8℃最为适宜。

注意事项

正山小种红茶是全发酵茶，存放一两年后松烟味会转变为干果香，滋味变得更加浓醇而甘甜。茶叶越陈越好，陈年（三年）以上的正山小种味道特别的醇厚，回甘。

冲泡方法

洗杯：将沸水倒入茶壶、茶杯，一为洗杯，二为升温。

置茶：用茶匙将正山小种红茶放入茶壶中，将90℃左右的热水用悬壶高冲的方法倒入茶壶中，使茶叶上下翻滚，达到茶汤均匀的效果。

分茶：冲泡好的茶汤均匀分入各个茶杯中，品饮。

正山小种是世界三大高香茶之一，茶香浓郁，滋味浓醇回甘，饮后让人身心舒畅，怡然自得。

注意事项

正山小种红茶不适合长时间的浸泡，第一泡的浸茶时间不宜超过10秒，出茶要快，5秒内出茶为好。一般前4泡的浸泡时间不宜超过30秒，后几泡浸泡时间可以略长一些，但也以不要超过60秒为宜。

茶博士TIPS

正山小种红茶中含有的脂肪酶能分解脂肪，具有减肥的效果。其性理温和，长期饮用可以起到养胃、护胃的作用。正山小种的多酚类化合物具有消炎、杀菌的功效。其含有的抗氧化剂能延缓衰老，具有破坏癌细胞的抗癌功效。

祁门红茶：清誉高香

祁门红茶，又称祁红，是汉族传统名茶，中国历史名茶，著名红茶精品。产于安徽省祁门、东至、池州、石台、黟县，及江西的浮梁一带。“祁红特绝群芳最，清誉高香不二门。”祁门红茶是红茶中的珍品，享有盛誉，是英国王室和贵族的至爱，被称为“群芳最”“红茶皇后”。

名茶历史

祁门红茶的原产地在中国安徽省祁门县，此为美国韦氏大辞典所记录。祁门红茶的创制时间是光绪元年（公元1875年），已有百余年的生产历史。祁门在清朝光绪年以前只产绿茶，不产红茶。绿茶在祁门的生产可追溯到唐朝，茶圣陆羽在《茶经》中留下：“湖州上，常州次，歙州下”的记载，当时的祁门就隶属歙州。

光绪八年（1882年），祁门人士胡元龙在外省红茶制作的基础上，终于加工出色、香、味、形俱佳的上等红茶，胡云龙成为红茶创始人之一。

品质特征

祁门红茶条索紧致匀整、锋苗秀丽、乌润光亮，有嫩毫和毫尖。冲泡后茶汤呈棕红色，红艳明亮，香气馥郁，有鲜甜清快的嫩香味，形成独有的“祁红”风格。滋味醇厚，味道鲜爽，带有兰花香或水果的芳香，沁人心脾。叶底颜色鲜艳，整齐美观。

品种等级

祁门红茶的主要品种有祁门工夫红茶、祁红金针、祁红毛峰、祁红香螺等。其中祁门工夫红茶是按传统制作工艺制作，而其他三类都是在传统工艺的基础上改良而制作成的。

祁门红茶根据外形和内质的不同，可以将祁门红茶分为：礼茶、特茗、特级、一级、二级、三级、四级、五级、六级和七级。

采制过程

祁红采制工艺精致严密，大致分为采摘、初制和精制三个过程。

祁红的采摘标准十分严格，高档茶以一芽一叶、一芽二叶原料为主。

初制包括萎凋、揉捻、发酵、烘干等工序。发酵是红茶制作的独特阶段，是决定祁红茶品质的关键，经过发酵叶色转红，形成红叶红汤的品质特点。

精制工序繁多复杂，很费工夫，所以精制后的祁红茶被称为“工夫茶”。

选购

一摸：判断茶叶的干燥程度。任意找一些干茶，放在拇指和食指指尖用力一捻，如果成粉末，则干燥程度足够。

二看：干茶条索紧致、匀齐，色泽乌润有光泽的为优。条索粗松、色泽不一致的为差。

三嗅：香气馥郁的质量优。如果带有青草味，则为次品。如果香气沉闷则为劣品。

四尝：冲泡后茶汤滋味醇厚的为优，滋味苦涩的为次，滋味粗淡的为劣。

五观：茶汤红艳，边缘形成金黄圈的为优，汤色不明亮的为次，汤色浑浊的为劣。

叶底明亮的祁红质量好，叶底花青的为次，叶底深暗多乌条的为劣。

储存方法

祁门红茶常用的储存方法有瓦罐储存、塑料袋储存、热水瓶储存、冰箱储存等，注意要存放在清洁、干燥、无异味、避光、空气流通的环境。其中塑料袋要选用食品用的包装袋。如果选用铁罐，注意要远离热源，既可以防止铁罐生锈，又可以抑制茶叶裂变的速度。

冲泡方法

祁门红茶属于红茶中的珍品，下面介绍工夫泡法冲泡祁门红茶。

洁具：先将开水倒入水壶、公道杯、品茗杯中，这样可以起到预热茶具、清洁茶具的目的，随后擦干杯中水珠，避免茶叶吸水，不利于以后的冲泡。

置茶：用茶匙从茶叶罐中取出祁门红茶，茶叶与水按1：50的比例，放入茶壶中待泡。

洗茶：右手提壶加水，左手拿盖刮去泡沫，然后将盖盖好，再将茶水倒入闻香杯中。洗茶讲究一个快字，使茶香唤醒。

祁门红茶第一泡：将95℃左右的开水悬壶高冲法倒入茶壶中，大约冲泡1分钟，将茶水倒入公道杯中，再从公道杯斟入闻香杯，要求七分满。

鲤鱼跳龙门：先用右手把品茗杯反过来盖在闻香杯上，要求右手大拇指放在品茗杯杯底上，食指放在闻香杯杯底，翻转一圈。

游山玩水：左手握住品茗杯杯底，右手将闻香杯从品茗杯中提起，并沿杯口转一圈。

喜闻幽香：将闻香杯放在左手掌，杯口朝下，旋转90℃，杯口对着自己，用大拇指捂着杯口，放在鼻子下方，细闻幽香。

品啜甘茗：重在一个“品”字，要做三口喝，仔细品尝，体会祁门红茶中的甘味。好的工夫红茶可以冲泡2～3次，后面的第二泡、第三泡同第一泡。

注意事项

新茶含有较多未氧化的多酚类、醛类及醇类物质，胃肠功能差的人建议不要喝，容易诱发胃病。新茶中含有较多的咖啡因、活性生物碱及多种芳香物质，会使人中枢神经系统兴奋，所以神经衰弱、心脑血管病的患者应少量饮用，而且睡前或空腹时不饮用。可以将新茶放置半个月后再饮用。

茶博士TIPS

祁门红茶中含有大量的维生素C，含量仅次于绿茶。可以提供丰富的叶酸、胡萝卜素及钙、铜、钠、磷和锌等矿物质和微量元素，同时可以提神醒脑、生津清热、消炎杀菌、解毒利尿、抗癌、降血压、减肥等功效。

滇红：独特的大叶种红茶

滇红是云南红茶的统称，由汉族茶农创制于民国年间，产于云南省南部与西南部的临沧、保山、凤庆、西双版纳、德宏等地。以大叶种茶鲜叶制成，其外形粗放、身骨重实、色泽调匀，冲泡后汤色红鲜明亮，金圈突出，香气鲜爽，滋味浓强，富有刺激性，叶底红匀鲜亮，加牛奶仍有较强茶味，呈棕色、粉红或姜黄鲜亮，以浓、强、鲜为其特色。

名茶历史

1937年秋，滇红创始人冯绍裘和郑鹤春两位到云南实地调查茶叶产销情况，觉得凤庆县的凤山有着很适合茶叶的生长自然条件，于是开始试制红茶。通过努力，试制成功。1939年，第一批滇红500担终于试制成功了，先用竹编茶

笼装运到香港，再改用木箱铝罐包装投入市场。滇红茶创制出来了，冯老先生终从众人之意，定名“滇红”。此后，滇红茶产业年年向前发展，成为中国茶叶生产上一朵璀璨的名茶之花；其在前苏联、东欧各国和伦敦市场上享有崇高声誉，是中国出口红茶中售价高创汇多的佼佼者。

品质特征

云南凤庆是中国滇红之乡，滇红以外形肥硕紧实，金毫显露和香高味浓的品质独树一帜。滇红多采用云南本地大叶种茶鲜叶制作，外形条索紧结，肥硕雄壮，干茶色泽乌润，金毫特显，内质汤色艳亮，香气鲜郁高长，滋味浓厚鲜爽，富有刺激性。叶底红匀嫩亮，系举世欢迎的工夫红茶。为国内其他省小叶茶种所未见。

品种等级

滇红品种丰富，常见的有以下几种：

松针滇红：即经过理条工艺制成的外形类似松针的红茶。松针滇红的特征：芽尖茶色金黄鲜明，麦芽糖香味浓郁持久，色、香、味俱佳，冲泡后汤色色泽红黄透亮，麦芽糖香味四溢，喝后口中甜滑持久，松针滇红香高味醇，滋味浓强，属滇红中的上品。

滇红金丝：俗称金丝疙瘩也叫小金螺，代表云南红茶（滇红）最高工艺水准。其香气高雅持久，韵味无穷。极品滇红采用古老茶树的鲜叶制作完成，采用全手工制作而成，外观鹅蛋黄，茶芽细嫩完整，松软，无碎末，满披金毫。冲泡后汤色红鲜明亮，金圈突出，香气鲜爽，滋味浓强，富有刺激性，叶底红匀鲜亮。香气高醇持久茶汤琥珀色，纯净。

蜜香金芽：又叫蜜香皇后，以采摘凤庆大叶茶一芽一叶和少量初展的一芽二叶，经室内匀撒薄摊自然萎凋、揉捻、发酵、干燥制成。苗锋秀丽完整，金毫显露，汤色红浓透明，滋味浓厚鲜爽，香气淡而悠长，

蜜香味。

晒红：晒红是长期在民间流传，不入主流法眼的“云南传统红茶”。是介于普洱茶与红茶之间的一种茶类，因其跟红茶工艺更为接近，而被归为红茶。

晒红可以理解为一种晒干的红茶，跟最后一道工序烘干的滇红不同，而且突破了红茶24-36个月的保质期，是一种可以长期存储的红茶，越陈越香。晒红现在已近失传，因为工艺复杂耗人工，一般师傅都不愿意做，晒红刚做出来，有淡淡的青涩味，幽香，留杯不张扬，叶底鲜活，茶汤橘黄，甜滑顺口。存放几个月之后，青涩味消除，茶香浓烈，汤色加深。

以前晒红储存粗放，以散茶居多，其转化醇化速度比普洱茶快。

采制过程

滇红制作系采用优良的云南大叶种茶树鲜叶，先经萎凋、揉捻或揉切、发酵、烘烤等工序制成成品茶；上述各道工序，长期以来，均以手工操作。滇红工夫茶采摘1芽2、3叶的芽叶作为原料，经萎凋、揉捻、发酵、干燥而制成；滇红碎茶是经萎凋、揉切、发酵、干燥而制成。

选购

滇红品种丰富，因为是大叶种茶制作为主，选购的时候不要过于拘泥于外形的纤细幼嫩，好的滇红，多外形粗放，冲泡后汤色红浓、滋味浓郁，因此购买前最好先试品。

滇红工夫内质香郁味浓。香气以滇西茶区的云县、凤庆、昌宁为好，尤其是云县部分地区所产的工夫茶，香气高长，且带有花香。滇南茶区工夫茶滋味浓厚，刺激性较强，滇西茶区工夫茶滋味醇厚，刺激性稍弱，但回味鲜爽。

储存方法

滇红是从普洱茶衍生而来，储存时相对没那么严格，只要选择避光、干燥、无异味的环境密封保存即可。

冲泡方法

建议使用盖碗冲泡滇红，以便茶汤分离，大叶种茶滋味浓郁，非常耐泡，一般可以泡20泡以上，泡滇红注意3个要点：

一、大叶种茶滋味浓，投茶量不宜太多，4~5克即可；

二、水温不要太高，80摄氏度左右即可，泡10泡以上再将水温升高；

三、出汤要快，1~3泡都是1秒出汤，第一泡是洗茶，第4泡开始延长到3秒，5秒，8秒这样递增出汤之后不要盖盖。

茶博士TIPS

滇红作为大叶种红茶，具有利尿功效、消炎杀菌功效、解毒功效、提神消疲功效、生津清热功效，此外还具有防龋、健胃整肠助消化、延缓老化、降血糖、降血压、降血脂、抗癌、抗辐射的功能。

炎陵红茶：红茶的后起之秀

炎陵红茶是从湖红工夫茶演变而来，湖红是中国历史悠久的工夫红茶之一，对中国工夫茶的发展起到十分重要的作用。

炎陵地处湖南省东南部、罗霄山脉中段、井冈山西麓，是典型山区，海拔1000米以上的山峰就有103座，山体呈南北走向，地势较低，但山峦重叠，地势险峻，沟谷纵横。区内最高海拔2122.5米，最高峰酃峰为湖南省第一高峰，超过南岳衡山。炎陵以前叫酃县，因为是炎黄始祖炎帝安寝的福地，90年代改名炎陵，史称“茶山之尾”，就是因为自古就有种植茶叶的传统，炎陵也是井冈山的组成部分。

名茶历史：茶盐古道

传说炎帝教民造耒耕种，织麻为衣，尝百草治病，“神农氏尝百草，日遇七十二毒，得茶而解之”，意为炎帝神农氏为了寻药，遍尝百草，每每中毒，都是靠茶来解毒。

炎帝最终因误食“断肠草”不治，史记“（炎帝神农氏）崩，葬长沙茶乡之尾”，这里所说”茶乡之尾“就是当今炎陵县鹿原镇鹿原陂。这是关于炎陵和茶叶有关最早的记录，可见炎帝神农氏上古时

期就在这里种茶并安葬在这里。

炎陵和江西接壤，属罗霄山脉中段，这里居住的山民以畲族客家人居多，他们世世代代种茶，除了自给自足，他们在有记载的明清时期就有挑夫从炎陵（旧称酃县）挑茶叶到广东贩卖，回的时候再把盐巴挑回炎陵，这条路被称为“茶盐古道”。我的爷爷就是最后一代挑夫，小时候听他说挑茶叶到广东换盐往返一次路上要三个月。

品质特征

炎陵红茶的创始人当属上世纪九十年代从台湾回到内地的古胜潭老先生，古先生是台湾台中梨山种茶世家，当年古先生来到炎陵，深深被炎陵好山好水感动，毅然留下来承包下万阳山龟龙窝1500多亩荒山种茶，从台湾引进培植梨山的软枝乌龙，并由台湾制茶师亲授加工工艺，历经20年，使得“炎陵红茶”声名鹊起。

炎陵红茶具有高山茶的显著特征，龟龙窝是我国中南地区海拔最高的茶园，平均海拔1650米，红茶入口绵甜醇厚，无杂味，不苦不涩，干净韵长。

品种等级

炎陵红茶根据不同的海拔高度分级，最高等级为龟龙窝海拔1700米高山的红茶，被称为顶级炎陵红茶。

炎陵红茶除了条形红茶，也有颗粒形红茶，其品质尤佳。

因为炎陵全县境内都处在高海拔区域，高山上独特的气候、富含有

机质的土壤、良好的生态环境，使得炎陵红茶品质卓著，知名品牌有万阳红、龟龙窝、洣溪茗峰、鄗峰牌等，其中万阳红茶叶基地被列为湖南省农科院科研试验基地。

采制过程

炎陵是典型山区，境内海拔1000米以上的山峰有103座，常年处于低温环境，云雾缭绕，因此虫害较少，避免了大量使用农药造成农残超标，此外茶叶发芽较晚，一年只能采摘两季，故产量很低、品质极高。

选购

炎陵红茶以优秀的软枝乌龙品种为主，加上高山气候，香气高昂，有明显的蜜香、花香，故将其命名为“炎陵香”。

一看外形：外形卷曲有光泽，乌褐中偶有金芽，干茶有一丝淡淡的杏香味。尤其梗肥、节间长的老叶制作的茶，滋味更浓郁。

二看茶汤：汤色淡黄至金黄，清澈明亮；头泡还带有淡淡的火香，二泡之后火香消失，花香尽显，而且香气持久，非常特别的“炎陵香”；内质感很好；茶汤顺滑，厚且细腻；回甘快而持久。

三看叶底：叶边缘红边显，均匀明净；边缘破碎少；叶片肥厚；弹性极佳；香气清爽而正。

储存方法

建议低温、干燥的环境下储存，有条件尽量放入冰箱保存。保存得好一般四五年依然芬香四溢，甚至独具滋味，有的茶客偏爱储存3年以上的炎陵红茶。

冲泡方法

盖碗冲泡：炎陵高山红茶无农残，茶氨基酸含量高，可以不用洗茶，高温低温冲泡有不同的滋味，投茶量多寡也都不会苦涩。在5泡以后宜用高温激发茶香。

直泡：炎陵红茶是少有可以用茶杯直泡的工夫红茶，取少量茶置于杯中（投茶量比盖碗略少），然后用80度左右的热水直接冲泡，不用洗茶，喝到一半时直接添加沸水。

紫砂壶：用紫砂器具和盖碗类似，只是不用盖盖闷茶，可以更好地激发“炎陵香”。

茶博士TIPS

炎陵红茶具有丰富的氨基酸、茶黄素，茶树叶片中有几十种氨基酸，其中有八种是人体必需的，但人体又不能自己合成，必须从外部吸收的。茶中主要有茶氨酸、谷氨酸，亮氨酸、赖氨酸等等，这些氨基酸奠定了茶叶的基础香气、滋味，如绿茶的板栗香、鲜爽，就是以谷氨酸、茶氨酸散发的香气、鲜味为主体。喝茶有益于健康就此而来。茶黄素具有多种与人体健康有关的潜在功能，如抗氧化、防治心血管疾病、降血脂、抗癌防癌等，因而受到国内外的广泛关注，成为茶叶品质化学与功能成分的研究热点。

黑 茶

黑茶的外观呈黑色，是后发酵茶，生产历史悠久，茶区主要在湖北、湖南、云南及四川等地，包括众多名品，其中安化黑茶和六堡茶是其中的佼佼者。

安化黑茶：有烟香味的茶

安化黑茶，产自中国湖南安化县，因产地而得名，是采用安化山区种植的大叶种茶叶，经杀青、揉捻、渥堆、松柴明火烘焙干燥等工艺加工制成黑毛茶，并以黑毛茶为原料精制而成的产品总称。

名茶历史

安化黑茶历史悠久，起源于秦汉时期的渠江黑茶薄片。唐朝时，安化有“渠江薄片，一斤八十枚”的记载。安化黑茶制作历史可追溯到明朝，据《明史茶法》记载，明嘉靖三年，御史陈讲疏奏云：“商茶低伪，悉征黑茶，产地有限。”这里的黑茶是四川绿毛茶经过蒸压形成的黑茶。由于湖南茶量多、质好、价廉，吻合朝廷“以茶易马”的愿望，在16世纪末期，四川黑茶逐步被湖南黑茶所取代。

明末清初，安化黑茶逐渐占领西北边销茶市场，安化成为“茶马交易”的主要茶叶生产供应基地。清末，安化茶叶名驰天下，安化茶产业盛况空前。清朝同治年间，在“百两茶”的基础上出现了“千两茶”。

1937年，抗日战争爆发，由于运输受阻，安化黑茶产制受到影响。

1939年，留学日本的彭先泽先生在国民政府支持下，回到安化家乡，试压安化黑茶砖成功，开创了安化黑茶产制的新纪元。1953年，中国茶叶公司安化砖茶厂试制茯砖茶成功。

2010年，是安化县茶产业快速发展的一年。在第六届中国茶业经济年会上，安化县评为“2010年全国重点产茶县”，跻身全国十强，茶叶总产量位列全国第九，黑茶产量位列全国第一。

品质特征

安化黑茶条索紧结卷曲，色泽乌黑油润，香气深沉纯正，带松烟味，冲泡后茶汤色泽红黄明亮，滋味醇厚浓和，回味舒爽，当年产的安化黑茶有一点点的苦涩味，耐冲泡。

品种等级

安化黑茶成品有“三一号、湘尖二号、湘尖三号，即“天尖”“贡尖”“生尖”。清朝道光年间，天尖被列为贡品，供皇室享用。“四砖”是黑砖、花砖、青砖和茯砖。常称的“湘尖茶”为湘尖一、二、三号的总称。“花卷”系列包括“千两茶”“百两茶”“十两茶”。

安化黑茶分为4个等级，高档茶较细嫩，低档茶较粗老。其中一级干茶条索紧结、圆直，叶质嫩，色泽黑润。

采制过程

安化黑茶用传统独特工艺，即鲜叶经杀青、揉捻、渥堆（发酵）、（松柴明火）烘焙干燥初制成黑毛茶，再以初制的黑毛茶为原料用特定工艺精制（包括自然陈化和人工后发酵）而成的具有独特品质风味的黑茶。

选购

选购安化黑茶时要选用正宗原产地生产的黑茶茶品，原产地在湖南安化县，原料是以云台山大叶茶为代表的安化大叶茶群体品种。除了原料之外，工艺环境不同，加工出来的黑茶品质风味就会有一定的差异。下面以主要品种分别介绍。

茯砖茶：砖面色泽黑褐，扳开砖后“金花”茂盛（“金花”就是一些金黄色的颗粒，学名叫“冠突散囊菌”，自然界中只有灵芝中有冠突散囊菌），内质“菌花香”高而持久，滋味醇和浓郁，有明显的菌花味，汤色红黄明亮。

千两茶花卷茶：茶柱紧实，色泽黑褐有光泽，可以有“金花”，香气醇正，滋味甜润醇厚，“烧芯”霉变的千两茶不能购买。

天尖茶：色泽乌黑油润，内质香气高而浓，有松烟香，滋味醇厚，不苦涩，汤色稍橙黄，陈茶有“樟”香味。

黑砖茶：砖面平整，花纹图案清晰，棱角分明，厚薄一致，色泽黑褐，砖内无黑霉、白霉等，可以有“金花”，内质香气纯正，或带松香烟味，汤色橙红尚明，滋味醇和，有苦涩味或粗老味的不是好茶。

青砖茶：色泽青褐，香气纯正，滋味尚浓，无青气，陈茶甘甜十分明显，汤色红黄尚明。

总体来说，安化黑茶条索紧结，匀整，以颜色发黑、有光泽的为优，有红色或棕色等杂色掺杂的话则质量较次。纯正的安化黑茶带有松烟香和甜酒发酵香，茶色如琥珀，纯净明亮，入口醇和、柔滑，更耐冲泡。而质量差的安化黑茶，茶汤浑浊，杂质较多，味道苦涩有异味。

储存方法

安化黑茶的储存方法主要有冰箱冷藏法、木炭储存法、暖水瓶储存法、化学储存法、生石灰贮存法、陶瓷坛储存法。家庭常用冰箱冷藏法和暖水瓶储存法。冰箱冷藏的方法是将含水量在6%以下的安化黑茶干茶装进铁或木制的茶罐，罐口用胶布密封好，把它放在冰箱内，长期冷藏，温度保持存5℃，效果较好。暖水瓶储存方法是将茶叶装进新买回的暖水瓶中，用白蜡封口并用胶布密封。

安化黑茶宜在空气中自然发酵保存，所以它最适合的保存方法是阴凉、通风、干燥、无毒、无异味的自然条件。阳光不要直射茶罐。买回的茶叶最好一个月内喝完。

冲泡方法

投茶：将黑茶大约15克投入壶中。

冲泡：按1:40左右的茶水比例沸水冲泡。由于黑茶比较老，所以泡茶时一定要用100℃以上的沸水，才能将黑茶的茶味完全泡出。

品饮：泡好后，即可进行品饮。品饮者如果喜爱喝较浓的茶，可将投茶量增加或浸泡时间加长。相反，如果喜爱较清淡的，可减少投茶量或减短浸泡时间。

注意事项

冲泡安化黑茶时水温要高，用100℃沸水冲泡；或者用沸水润茶后，再用冷水煮沸其味道更好。茶水比例：高档砖茶及三尖茶茶水比为1:30左右，粗老砖茶为1:20左右。冲泡方法：冲泡黑茶时，较嫩的茶多透少闷，粗老茶则多闷少透。粗老茶也可煮饮，每个茶都有各自的特点，可以根据其特点选择冲泡方式和冲泡时间。

茶博士TIPS

安化黑茶含有氟化物和多种抗菌物质，可以降低龋齿的发生率。安化黑茶中含有丰富的茶碱，可以缓解疲劳、振奋精神。丰富的氨基酸、维生素C，可以抗氧化、延缓衰老。儿茶素可以降血压。此外，还有降脂、减肥、抗菌消炎、防癌、抗癌、防治糖尿病的功效。

六堡茶：嘉庆年间的名茶

六堡茶，属黑茶类，主产于中国广西壮族自治区梧州市六堡镇，蜚声中外。因为六堡茶茶汤红浓明亮，所以六堡茶独有的“中国红”寓意着平安喜庆、和谐团圆、兴旺发达。

名茶历史

清朝初期，在广州、潮州一带，六堡茶开始兴盛起来。从清朝康熙年间开始，在两广涌现了一批六堡茶老字号。乾隆二十二年（1757年），清廷只留广州一个口岸通商，于是“十三行”便独占中国对外贸易，六堡茶也随之名声大噪。清代嘉庆年间，以特殊的槟榔香味而被列为全国名茶之一，驰名中外，排名仅次于普洱茶。

六堡茶的发展历经了“平三藩”“十三行大火灾”“太平天国”“鸦片战争”“辛亥革命”“抗日战争”等历史变化，几经磨难，茶号众多，并将茶叶贸易做到了英国等欧洲国家。

20世纪50年代起，由于加工粗制滥造，传统风味消失等原因，销量逐渐降低，六堡茶被其他名茶所取代。近些年来，梧州市委、市政府十分重视六堡茶产业发展，产量和质量逐年提升。

品质特征

六堡茶外形条索紧实、圆直，色泽黑褐有光，汤色红浓明亮，香气馥郁纯正，滋味浓醇甘爽，有槟榔香味，叶底红褐或黑褐色，总之具有明显的“红、浓、醇、陈”等特点。

品种等级

六堡茶按采摘的时间不同分为茶谷、中茶、老茶婆、二白茶等。按不同山头出产的六堡茶口感和香气的不同分为黑石茶、虾斗茶、恭州茶、英记茶、广元泰茶等。六堡茶按工艺不同分为古法六堡茶和现代工艺六堡茶。六堡茶按品质分为特级和一至六级。

采制过程

过程包括采摘、初制、复制、精制，最后凉置陈化、包装。

其中采摘标准为一芽三、四、五叶。初制过程包括杀青、揉捻、沤堆、复揉、干燥。复制过程包括过筛整形、拣梗拣、拼堆、冷发酵、烘干、上蒸、踩篓、凉置陈化。精制过程是先增湿，再堆沤，其实是补初制过程中的发酵不足，在沤堆的湿热作用下，茶叶的内含物进一步变化，茶黄素、茶红素等有色物质增加，使色、香、味加厚，达到六堡茶的特有品质风格。凉置陈化是制作过程中的重要环节，不可缺少，六堡茶品质要陈，越陈越好。六堡茶一般采用传统的竹篓包装，有利于茶叶存放时内容物继续转化，使滋味更醇、汤色更深、陈香显露。

选购

六堡茶的选购要看购买者的目的和品鉴水平。购买目的有现饮、追

求口感、收藏，如果为收藏，那可以选择年份较新的茶，也可以选择10年以上的老茶，更有升值空间，当然也要储存得当。如果是现饮，陈化3年内的茶都可以，性价比较高。如果是为追求口感，可以选择陈化5年或7年的茶，口感醇厚，茶香纯正。下面以饮用特级六堡茶为例，说明选购的重点。

一看外形，优质六堡茶干茶条索紧结、匀整、重实，色泽黑褐。

二看茶汤，优质的六堡茶汤色红亮、通透。

三闻香气，六堡茶香气浓醇纯正，有令人心情舒畅的茶香，有槟榔香、药香、参香、木香等。

四品茶汤，好的六堡茶滋味醇厚，回甘快而强烈，生津润喉度高，口感甜滑，让人有峰回路转的愉悦感。

储存方法

六堡茶存放时间越长越好，但要注意储存方法。储存六堡茶的器具不应过于密闭，应略透气，存放六堡茶的器具一般是瓷器、陶器、竹制品等，一般以陶瓮为佳，而瓷瓮则适宜存放陈茶。当然用牛皮纸或生宣纸也可以。注意不要阳光直射，要避免潮湿。茶如果有仓味，可置于通风处，等仓味散尽再储存。存放六堡茶的地方，不需要空气流动过快，如果是一定年份的充分发酵的六堡陈茶不仅不应通风，而且还要避免通风，保持其透气即可。同时要远离有异味的东西和具有污染性的物品。

冲泡方法

洗茶：用沸水90℃～100℃，冲泡5～8秒后，倒掉。

冲泡：用沸水泡7～10秒后，立即倒出茶杯，以免过浓。

品尝：待温度适宜时即可饮用。六堡茶有耐泡的特性，冲泡十多次，依然有茶香，但是第十泡左右以后每增加一泡可增加5秒钟。

也可以把六堡茶放在瓦锅中，加水明火煮沸后，放置，待温度适宜时饮用，倍感味甘醇香。六堡茶冲泡后隔夜滋味不变，汤色不浊，清凉祛暑。

注意事项

冲泡六堡茶时一定要用滚烫的沸水来冲泡，这样茶叶的味道才能泡得出来。

茶博士TIPS

六堡茶具有提神醒脑、消除疲劳的作用，含有的多种氨基酸、维生素和微量元素可以帮助人们除油腻、助消化、减肥等，还能延年益寿。尤其适合肠胃不适、便秘、湿气重、高血压、抽烟喝酒、减肥、痛风的人群。炎热的夏季饮用六堡茶清凉祛暑、让人倍感舒畅。

黄 茶

黄茶是中国特产，因黄叶黄汤而得名，湖南岳阳为中国黄茶之乡。黄茶属于轻发酵茶类，发酵的过程称为“闷黄”，由绿茶演变而来。按茶树鲜叶老嫩和芽叶大小又分为黄芽茶、黄小茶和黄大茶。黄茶有很多名品，如君山银针、蒙顶黄芽、霍山黄芽等。

君山银针：形细如针的“金镶玉”

君山银针，产于湖南岳阳洞庭湖的君山岛上，是中国名茶之一，属于针形黄芽茶。因为它的茶芽紧实直挺，布满白色毫毛，外形酷似银针，所以得名“君山银针”。君山银针是黄茶中的珍贵品种。

名茶历史

君山产茶有着悠久的历史，从唐代起就已生产和出名了，据传文成公主入西藏时就带了君山银针作为陪嫁。唐明宗李嗣源非常喜欢君山银针。

同治《湖南省志》载：“巴陵君山产茶，产茶嫩绿似莲心，岁以充贡。君山茶盛称于唐，始贡于五代（当时称为‘黄翎毛’），宋时称为‘白鹤茶’。”

清代时，宫廷将这种俗称为“白毛茶”的茶种列为贡茶，后来称为贡尖。《巴陵县志》记载：“君山贡茶自清始，每岁贡十八斤。”乾隆皇帝下江南时品尝到君山银针，十分称赞，把它定为“贡茶”。

品质特征

据《湖南省新通志》记载：“君山茶色味似龙井，叶微宽而绿过之。”古人形容此茶如“白银盘里一青螺”。君山银针全部由芽头制作而成，芽头茁壮，紧实而挺直，满布毫毛，茶芽大小长短匀整，形如银针，内呈金黄色。冲泡后君山银针芽尖冲向水面，悬空竖立，随后慢慢下沉，又会再次升起，再徐徐下沉至杯底，三起三落，非常具有欣赏性。茶汤杏黄色，香气清新高爽，滋味甘醇，叶底匀亮嫩黄。

品种等级

以茶叶烘焙出的香度进行分类，可以将君山银针茶分为清香型和浓香型。浓香型的君山银针茶质量更好。以芽头肥瘦、曲直，色泽亮暗等进行分级，可以分为特级、一级、二级、三级。其中特级君山银针芽头肥壮、紧实挺直，芽身呈金黄色，满披银毫，汤色橙黄明亮，香气清纯，叶底嫩黄匀亮。

采制过程

君山银针的采摘和制作非常严格，每年只能在“清明节”前后采摘，而且只采春茶的首轮嫩芽。为防止擦伤芽头和茸毛，一般将采摘的茶芽轻轻放入茶篮中并内衬有白布，且对采摘标准有着严格的把关，要做到“瘦弱芽不采”“雨天不采”“风伤不采”“开口不采”“弯曲不采”“紫色芽不采”“空心芽不采”“冻伤芽不采”“虫伤不采”“过长过短芽不采”，即所谓君山银针的“九不采”。

制作君山银针，需要经过杀青、摊晾、初烘、初包、再摊晾、复烘、复包、焙干等八道工序。

选购

一看外形：干茶芽头茁壮、匀整，满披白色毫毛，外形很像银针。茶芽内面是金黄色，外层白毫包裹，被称之为“金镶玉”。如果外形枯暗不整，或有茶梗、茶籽者为下品。

二看色泽：干茶颜色呈黄绿的为优，汤色金黄明亮的为好。

三尝滋味：茶汤入口后浓醇甘甜，有回甘的为好，没有的为下品。

四闻茶香：冲泡后茶香浓郁高爽。如果闻不到茶香或者闻到一股青草味、青涩气、粗老气、焦糊气则为次。

五看过程：冲泡时茶叶先一根根垂直立起，随后上下游动，然后缓缓下沉，后再起再落，三起三落，整齐黄亮，令人心情舒畅。如果不能竖立则为假银针。

储存方法

储存君山银针一定要注意避高温、避高湿、避光线、避氧气。因此，冰箱低温储存、瓦坛储存、塑料袋储存、热水瓶储存等方法都比较适合君山银针。一般家庭储存多会选用冰箱低温储存法，方法是将茶叶置于能密封的容器中，用透明胶条将盖密封，放入冷藏室中。春天存放，冬天取出时，茶的色、香、味基本不变。

冲泡方法

赏茶：用茶匙取少许君山银针，置于洁净赏茶盘中，供宾客欣赏。

洁具：用开水预热茶杯，并擦干杯中水珠，以避免茶芽吸水而降低茶芽的竖直率。

置茶：用茶匙取出约3克君山银针，放入茶杯中。

高冲：将70℃左右的开水，先快后慢冲入茶杯至大约1/2处，目的是使茶芽湿透。稍后，冲至茶杯七八分处。为使茶芽均匀吸水，加速下沉，可以用玻璃片盖在茶杯上，5分钟后，去掉玻璃盖片。在水和热的作用下，君山银针会呈现特有的形态，上下沉浮，最终归于平静。军人视为“刀枪林立”，艺人称为“金菊怒放”，文人赞叹“雨后春笋”，品饮者称为“琼浆玉液”。

品茶：大约冲泡10分钟后，就可以品饮。

注意事项

因为是用玻璃杯直接饮用，为不让茶汤苦涩，投茶量要少。同时用玻璃杯泡茶时切忌用手握杯身，否则会使手纹印在杯壁上。玻璃杯在冲水时杯体导热快，小心烫手，拿杯子底部即好。

茶博士TIPS

君山银针茶有解毒抗菌、利尿、强心解痉、止咳化痰、抗动脉硬化、抑制癌细胞、防治糖尿病的功效，同时还能够帮助醒酒、防龋齿，美容养颜、塑身健美、消食去腻、除痘祛斑，常饮君山银针茶还能清热降火、明目清心、提神醒脑，让人消除疲劳，提高工作效率。

蒙顶黄芽：始于西汉的贡茶

蒙顶黄芽，是芽形黄茶，产于四川省雅安市蒙顶山，古时候为贡品供皇帝享用，其外形直而扁，均匀整齐，色泽嫩黄，芽毫披露，花香持久，汤色黄中透碧，滋味鲜爽浓醇回甘，叶底嫩黄，是黄茶中的极品。

名茶历史

蒙顶山产茶有着悠久的历史，距今已有2000多年，许多古籍都有记载。如清代赵懿《蒙顶茶说》中“名山之茶美于蒙，蒙顶又美之上清峰，茶园七株又美之，世传甘露慧禅师手所植也，二千年不枯不长。……”

蒙顶山茶自唐朝开始，一直到明朝、清朝都是贡品，为历史上有名的贡茶之一。蒙顶山茶是蒙顶山所产名茶的总称。蒙顶黄芽栽培始于西汉，距今已有二千年的历史了，古时候为贡品供历代皇帝享用，新中国成立后曾被评为全国十大名茶之一。20世纪50年代初期以生产黄芽为主，称“蒙顶黄芽”，近年来以生产甘露等为主，但蒙顶黄芽仍有生产，为黄茶中的珍品。

品质特征

蒙顶黄芽属黄茶类别，符合“黄叶黄汤”的特点。其外形扁而直，芽条均匀整齐，色泽嫩黄，芽毫披露，香气甘甜浓郁，汤色黄亮带青绿色，滋味鲜醇回甘，叶底嫩黄。

采制过程

蒙顶黄芽主要分为采摘和制作两个工序。采摘要在春分时节，当茶树上有10%左右的芽头鳞片展开，即可开始采摘。选采肥壮的芽和一芽一叶初展的芽头，采摘时严格做到“五不采”，即紫芽、病虫害芽、露水芽、瘦芽、空心芽。采回的嫩芽要及时摊放，及时加工。

蒙顶黄芽制作分杀青、初包、复炒、复包、三炒、堆积摊放、四炒、烘焙八道工序。由于芽叶特嫩，要求制工精细。

选购

一看：无茶梗、无叶柄者为上品。观察芽头、峰苗（用嫩叶制成的细而有尖峰的条索）、叶质，芽头多、峰苗多、叶质细嫩为好；叶质老、身骨轻为次。含有较多的白毫的为优。

二闻：将干茶叶放在手掌中，用嘴哈气，使茶叶受微热而发出香味，可闻几次，以辨别香气的浓淡、强弱和持久度。再闻闻茶叶的香气

是否正常，是否有烟味、焦味、霉味、馊味或其他不正常的气味。

三尝：鉴别茶叶真假与品质，最有效的方法是亲自咀嚼。优质茶叶，嚼后即使有苦味，但一定有甘甜感觉或有余香。而若茶叶品质较差，则会发涩，甚至让您张不开嘴巴。若有添加物和异味，也会尝出来。

四泡：冲泡后，先嗅杯中香气，再看汤色、品尝滋味。上等蒙顶黄芽茶叶“黄叶黄汤”，其汤色黄亮中带青绿色，香甜鲜嫩高爽，滋味鲜醇回甘。

储存方法

蒙顶黄芽茶是一种干品，很容易吸湿受潮而产生质变，所以家庭存放时选用的容器和所用的方法都非常重要。

罐、瓶储存：可选用铁制彩色茶罐、锡瓶、有色玻璃瓶及陶瓷器等贮存，有双层盖的铁制彩色茶罐和长颈锡瓶最好。储存时尽量将茶叶装实装满，尽量减少容器内的空气，此方法适于短期储藏。

生石灰贮存法：先将茶叶用牛皮纸包好，分层放置在干燥的坛子或小口铁桶四周，中间放生石灰，上面再放茶叶，然后用牛皮纸堵塞坛口，上面盖上盖子。一般1～2月换一次石灰。

食品袋贮存法：将茶叶用防潮湿纸包好后，装入食品袋内，将袋内空气全部挤出，然后用绳子把袋口扎紧，再用另一只食品袋反向套在第一只袋的外面，挤出空气后，用绳子扎紧，最后放入铁桶内贮存。

冰箱贮存法：完全密封后短期储存（六个月以内），冷藏即可，温度0℃～5℃；超过半年的，冷冻（-10℃~-18℃）最好。

冲泡方法

赏茶：用茶匙取少许蒙顶黄芽，置于洁净赏茶盘中，供宾客欣赏。

洁具：用开水预热茶杯，并擦干杯中水珠，以避免茶芽吸水而降低茶芽的竖直率。

置茶：用茶匙取出约3克蒙顶黄芽，放入茶杯中。

高冲：将70℃左右的开水，先快后慢冲入茶杯至大约1/2处，目的是使茶芽湿透。稍后，冲至茶杯七八分处。为使茶芽均匀吸水，加速下沉，可以用玻璃片盖在茶杯上，5分钟后，去掉玻璃盖片。此时，会有一缕白雾从杯中冉冉升起，然后慢慢消失。有诗云，扬子江心水，蒙山顶上芽。

品茶：冲泡4～6分钟后，就可以品饮。

注意事项

应该避免不科学的饮茶习惯，如用保温杯泡茶，长时间的高温会使营养物质散失，香味散失；用沸水泡茶，会破坏营养物质，还会溶出过多的鞣酸，使茶带苦涩味；泡茶时间过长，茶汤苦涩，煮茶又使茶叶发生化学作用，不宜再饮用；习惯泡浓茶，浓茶对肠胃的刺激太大。

茶博士TIPS

蒙顶黄芽中的茶黄素能降脂减肥；其中含有的茶多酚、氨基酸等营养物质，可以防治食道癌；它的消化酶可以改善肠胃功能，帮助消化；此外还可以防辐射、护齿明目、抗衰老、生津止渴、消热解暑、增强免疫力。

白 茶

白茶，属微发酵茶，只有萎凋和干燥两道工序，中国六大茶类之一，主要产地在福建福鼎、政和、松溪、建阳、云南景谷等地。因其干茶多是芽头，满身披毫，如银似雪而得名，是中国茶类中的特殊珍品。最主要的特点是毫色银白，有“绿妆素裹”的美感。主要的名品有贡眉、白毫银针等。

贡眉：又称寿眉白茶

贡眉，也称“寿眉”，属于白茶品类，是中国福建省特产，产于中国福建省的松溪县、建阳市、建瓯市、浦城县等地，产量约占白茶总产量一半以上，是白茶中产量最高的一个品项。贡眉主要特点是色泽翠绿，白毫多。

名茶历史

白茶的产区有建阳市、政和县、松溪县、福鼎市等地，台湾省也有少量生产。贡眉最早见于北宋宋徽宗赵佶《大观茶论·白茶》：“白茶自为一种，与常茶不同。”

福建建阳市是历史悠久的产茶区，据说白茶就是由此地的茶农所创制，当时以幼嫩芽叶采制而成，俗称“小白”，因其满披白毫，又称“白毫茶”，后来简称白茶。这种茶只经晒干或文火烘干，茶的白毫显露，很像寿仙眉毛，所以称为寿眉白茶。

清代时，寿眉白茶被朝廷采购，成为贡茶，称其为贡品寿眉白茶，简称贡眉。当时不仅供朝廷享用，还远销甘肃和国外，如俄罗斯等。

品质特征

贡眉干茶色泽翠绿，毫心明显，白毫多，冲泡后茶汤橙黄，品饮时感觉香气鲜纯，滋味清甜醇爽，叶底匀整、鲜亮、柔软。

品种等级

贡眉选用的茶树品种有福鼎大白茶、福鼎大毫茶、政和大白茶和“福大”“政大”的有性群体种。贡眉的等级有特级、一级、二级、三级。其中特级贡眉，毫心多而肥壮，叶张幼嫩，芽叶连枝，叶态紧卷如眉，匀整，灰绿或墨绿，色泽调和，洁净，无老梗、枳及腊叶，香气鲜爽，汤色浅橙黄、清澈，滋味甘醇，叶底柔软匀亮，呈黄绿色。

采制过程

贡眉的制作工序相对比较简单，分为采摘和制作工艺。其中采摘标准为一芽二叶至三叶，要求含有嫩芽、壮芽。贡眉的制作工艺是：萎凋、烘干、拣剔、烘焙、装箱。其中，萎凋也是发酵过程，所以贡眉是微发酵白茶。萎凋的目的有两个，一是“走水”，即去掉水分（表面问题），二是“生化”（内质问题），即通过萎凋使茶菁在失水条件下引起自身因素的生物化学变化。

选购

贡眉的选购主要看外形、汤色、味道、叶底等方面来考查。

外形：上等的贡眉干茶墨绿或灰绿，色泽调和，毫心多而肥壮，叶质幼嫩。色泽黄绿，枯燥，毫心不明显，叶质粗老的贡眉为下品。

汤色：优质贡眉茶汤浅橙黄色，清澈。颜色较深，甚至接近红色的贡眉为下品。

味道：冲泡后品尝其滋味，以清甜醇美者为优，如果感觉到浓、粗、平淡，即是劣等。

叶底：以叶色黄绿，叶质柔软匀亮者为优，如果叶色暗、杂，有红张，叶质粗老则为下。

储存方法

常用的储存方法有冰箱冷藏法、暖水瓶储存法、木炭储存法、生石灰储存法等。其中冰箱冷藏法要求温度尽量控制在5℃左右比较适宜。生石灰储存法要求贡眉密封好再放入，不然容易被生石灰的异味所影响。另外，注意储存贡眉的容器或密封袋要求无毒、无异味、防潮。放置的环境也要求无毒、无异味。

冲泡方法

温杯：倒入少许开水于茶具中，一是起清洁作用，二是提高温度。

置茶：用茶匙取贡眉少许置放在茶荷中，然后向每个杯中投入3克左右白茶。

浸润：将水沿杯壁冲入杯中，水量约为杯子的四分之一，目的是浸润茶叶使其初步展开。

遥香：左手托杯底，右手扶杯，将茶杯顺时针方向轻轻转动，使茶叶进一步吸收水分，充分挥发香气，遥香约半分钟。

冲泡：采用回旋注水法，可以欣赏茶叶在杯中上下旋转，加水量控制在杯子的三分之二处为宜。冲泡后静放2分钟。

品茶：先闻香，再观汤色和形似兰花的芽叶，然后小口品饮，味道鲜爽，回味甘甜，口齿留香。

观叶底：贡眉叶张的透明和茎脉的翠绿是其独有的特征。

注意事项

由于贡眉原料细嫩，所以冲泡时水温在80℃～85℃为宜。冲泡贡眉宜选用透明玻璃杯或透明玻璃盖碗，这样可以欣赏贡眉的千姿百态和叶白脉翠的独特品质。另外，每天冲泡12克左右，分三四次饮用较为适宜，并非越多越好。缺铁性贫血者、肠胃或肝功能不良者应尽量不喝或少喝贡眉；不要在空腹时饮茶，不要睡前饮茶。

茶博士TIPS

贡眉能提高肝癌患者的免疫能力，具有抗癌、防暑、降火的功效；贡眉中的茶多酚含量较高，能提高免疫力、保护心血管；其中的活性酶能促进脂肪代谢，分解血液中多余的糖分；含有的氨基酸具有退热、祛暑、解毒、杀菌的能力。

白毫银针：满披白毫，如银似雪

白毫银针，简称银针，又叫白毫，属白茶类，有茶中“美女”“茶王”的美称。由于鲜叶原料全部是茶芽，制成成品茶后，形状似针，披满白色茸毛，色白如银，因此被称为白毫银针。白毫银针产于中国福建省的福鼎市和南平市政和县。

名茶历史

清朝嘉庆初年1796年，福建制茶人用菜茶种茶树的壮芽为原料，创制白毫银针。约1857年，福鼎大白茶品种茶树在福鼎市选育繁殖成功，

1885年起改用福鼎大白茶品种茶树的壮芽为原料，菜茶因茶芽细小，已不再采用。紧接着，政和县1880年选育繁殖政和大白茶品种茶树，1889年开始产制银针。

银针白毫在1891年开始外销；1912~1916年为极盛时期，当时福鼎市与松政县两县市年产各1000余担，但受第一次世界大战影响，外销路阻滞。1982年，白毫银针被商业部评为全国名茶，在30种名茶中列第二位。1992年，银钩被评为福建省名茶，名列第一。

品质特征

白毫银针外形优美，挺直如针，茶芽长3厘米左右，芽头肥壮，遍披白毫，色白似银，富光泽。冲泡时芽尖向上，芽缓缓下落，竖立于水中慢慢下沉至杯底，条条挺立，上下交错，非常具有欣赏性。冲泡后香气清鲜，毫香浓，滋味鲜爽微甘，汤色浅黄，清澈明亮。

品种等级

白毫银针因产地、茶树品种不同，分为北路银针和南路银针两个品种。其中北路银针产于福鼎市，茶树品种是福鼎大白茶。南路银针产于政和县、松溪县、建阳市，茶树品种为政和大白茶。南路银针光泽度不如北路银针，但香气清鲜，滋味浓厚。

按采摘的时间和采摘顺序将白毫银针分为荒野米针、荒野银针、头采米针、白毫银针王、白毫银针五种。

按品质分为特级、一级、二级。其中特级白毫银针外形粗壮、挺直、多毫，色泽银白、明亮，匀齐洁净，香高持久，滋味清鲜嫩爽，茶汤淡绿清亮，叶底幼嫩柔软匀亮。

采制过程

白毫银针因产地不同，制法和品质也略有不同。主要因北路银针和南路银针两个地域的制作工艺不同。一般来说，采摘十分细致，要求严格，制法比较简单。采摘时要求“十不采”，只采肥壮的单芽头。制作过程中，不炒不揉，只分萎凋和烘焙两道工序，虽然简单，但正确掌握制出好茶也不容易。

选购

可以从白毫银针形、色、质、趣等几方面来考查。优质白毫银针具有以下特点。

形：白毫银针外形挺直如针，芽头肥壮，绿色芽叶披满白毫。

色：干茶外形色泽银灰，闪亮，冲泡后茶汤呈杏黄色。

质：茶汤香气清鲜、持久，滋味醇厚回甘。

趣：冲泡白毫银针时，茶芽慢慢下落，缓缓沉到杯底，条条直立，如陈枪列戟，升降浮游，很有情趣。因其下沉时仍挺立水中，人们比喻为“正直之心”。

储存方法

干燥的白毫银针才可以储存，检查方法是用手捏一捏，如果成粉末状，说明含水量低，可以储存。储存的容器一般选用锡瓶、瓷坛、有色玻璃瓶，铁罐、木盒、竹盒也可以，最好不用塑料袋、纸盒。容器要干燥、洁净、不得有异味。放置的环境要干燥通风，不能放在潮湿、高温、不洁、曝晒的地方，而且不能有樟脑、药品、化妆品、香烟、洗涤用品等有强烈气味的物品。

冲泡方法

置茶：取白茶2克，置于玻璃杯中。

浸润：冲入少许开水，让茶叶浸润10秒钟左右。

泡茶：用高冲法按同一方向冲入开水100～120毫升。

奉茶：用双手端杯奉给宾客饮用。

品饮：冲泡开始时，茶芽浮在水面，5～6分钟后，部分茶芽沉落杯底，此时茶芽条条直立，上下交错，如同雨后春笋，非常具有趣味性。约10分钟后，茶汤呈橙黄色，此时可端杯闻香和品尝。

注意事项

白毫银针因其未经揉捻，茶汁不易浸出，冲泡时间宜较长。冲泡时白毫银针的水温以95℃左右为宜。

茶博士TIPS

白毫银针的“活性酶”是其他茶叶的两倍。还有多酚类、维生素B_1、维生素B_2、烟酸、叶酸、维生素E、维生素K和维生素C，儿茶素、25种氨基酸、茶氨酸及多种矿物质等，都比其他茶叶含量丰富。一般人均可饮用，白毫银针味温、性寒，可以退热祛暑解毒，还有健胃提神、祛湿退热等功效。

再加工茶

再加工茶类，主要以绿茶、红茶或者乌龙茶作为茶坯、以能够吐香的鲜花作为原料，采用一定的加工工艺，使茶叶吸收鲜花的香气制作而成。根据所选择的香花品种不同，分为茉莉花茶、菊花茶、金银花茶等。

茉莉花茶：人间第一香

茉莉花茶，又叫茉莉香片，是用绿茶做茶坯，用茉莉鲜花进行窨制而制作成的茶叶。茉莉花茶使茶香和茉莉花香相互融合，有“窨得茉莉无上味，列作人间第一香”的美名，茉莉花茶茶区辽阔，产量大，品种多。茉莉花茶味道醇厚甘甜，男女老幼皆可饮用。茉莉花茶在花茶中销量最大。其中福州茉莉花茶历史最为悠久。

名茶历史

汉朝《史书》记载，茉莉花最早起源于古罗马帝国，之后传到印度，又随印度佛教传到福州。唐朝时，茉莉花被称为天香，作为佛家圣物。宋朝时，茉莉花兴盛起来。明朝末期，茉莉花茶开始商品化。清朝慈禧太后偏爱茉莉花，被当时的人们称为“国花”。

品质特征

茉莉花茶外形紧细匀齐，色泽绿中带黄，香气鲜灵纯正持久，滋味醇厚甘爽，汤色黄绿明亮，叶底柔软匀亮嫩黄。

品种等级

茉莉花茶因制作工艺及原材料的不同可分为特种茉莉花茶、工艺型茉莉花茶、级型茉莉花茶和碎、末、片茉莉花茶四种。其中特种茉莉花茶是用最优质的茉莉花与特种的绿茶，经过精心的工艺技术窨制而成，名品有茉莉针王、茉莉凤眼等。

茉莉花茶按品质分为特级、一级、二级、三级、四级、五级。

采制过程

茉莉花茶的制作过程分为以下几步，茶胚处理、鲜花处理、窨花拼和、手工窨制、散通花热、起花过程、匀堆装箱。

其中茶胚处理包括干燥和冷却。鲜花处理的工序有摊凉、鲜花养护、筛花和玉兰打底。窨花拼和是整个茉莉花茶窨制过程重点工艺。目的是将鲜花和茶拌和均匀，让茶叶吸收鲜花的香气。窨花拼和要掌握好六因素：配花量、花开放度、温度、水分、厚度和时间。起花过程包括适时起花、烘焙、压花、提花。匀堆装箱是窨制过程最后一道工序，装箱前要确保空箱洁净、无污染、无灰尘、无异味。

选购

从形、色、香、味等方面来判断。

形：上等茉莉花茶所选用的毛茶嫩度好，最好是细腻幼小的嫩芽。以福建花茶为例，茉莉花茶呈长条状，饱满，白毫多，无叶的最好，其次是一芽一叶、二叶的，或嫩芽多，芽毫显露。低档茶叶以叶为主，无嫩芽或根本无芽。

色：茉莉花茶汤色黄绿、明亮清澈。如果颜色暗淡带红色，则品质比较差。

香：优质的茉莉花茶香气清新，浓郁持久、闻起来清香扑鼻，无异味。

味：品质好的茉莉花茶口感柔和、不苦不涩，给人一种润滑、沁透心脾的感觉。

储存方法

家庭储存常用的方法有罐藏法、冰箱储存法、热水瓶储存法、塑料袋储存法等。无论哪种方法都需要注意容器必须干燥、密封，宜存放在阴凉、干燥、无异味的环境中。

冲泡方法

洁具：用沸水冲洗茶具。

置茶：用茶匙取适量茉莉花茶（按个人口味增减），置于杯中。

冲泡：选用90℃左右的沸水，第一泡应低注，直接注入茶叶上，使香味徐徐浸出。第二泡宜中斟，使茶水交融。第三泡宜采用高冲，使茶叶上下翻滚，花香溢出。一般冲水至七八分，冲后加盖，以保存茶香。

品饮：静置片刻后，即可揭开杯盖，用鼻闻香，顿时感觉芳香扑鼻。然后小口喝入，让茶汤在口中停留片刻，使茶汤充分接触味蕾，感受它的浓醇。同时，可以欣赏它上下沉浮的优美舞姿，令人心旷神怡。

注意事项

冲泡茉莉花茶宜选用透明玻璃杯，水温宜在90℃左右，茶水比例一般为1:50，冲泡时间为35分钟，冲泡次数以2～3次为宜。茶汤宜小口喝入，停留充分，以口吸气、鼻呼气相配合，使茶汤在舌面上往返流动，细细品尝后再徐徐咽下，所以有“一口为喝，三口为品”的说法。

茶博士TIPS

茉莉花茶中的咖啡碱可消除疲劳、增进活力、集思益智，茶多酚、茶色素能抗菌抑制病毒、抗癌、抗突变。茉莉花茶中的挥发油性物质，具有行气止痛、解郁散结的作用。此外还具有美容养颜、疏通肠胃、降血压、血脂、利尿、消食的功效。

菊花茶：傲立寒秋的“延寿客”

菊花茶，是以菊花为原料制作而成的花草茶。菊花茶一般经采摘、阴干、生晒蒸晒、烘焙等工序制作而成。菊花茶是中国广泛种植的一种名花，历史悠久。菊花因“霜降之时，唯此草盛茂”，独立寒秋中，所以又被称为“延寿客”“不老草”。《本草纲目》中记载“菊之品九百种”，其中杭菊、亳菊、滁菊、怀菊最有名，被称为“四大名菊”。

名茶历史

菊花茶的栽培始于中国唐代，有着悠久的历史，距今有2500多年。唐代时就有人开始饮菊花茶。至清朝时，菊花茶已经广泛应用于人们的日常生活中。除了做园林观赏外，还可以药用和作为茶用。

品质特征

菊花茶中的菊花又小又丑颜色泛黄的为优质菊花，味甘苦，性微寒，冲泡后的菊花茶清香宜人，可以单独冲泡，也可以和其他花茶一起冲泡，冬天热饮、夏天冷饮都很适宜。

品种等级

菊花品种繁多，按历史地位有四大名菊，即杭菊、亳菊、滁菊、怀菊，如杭白菊等。

菊花分为家菊和野菊。家菊如滁菊等。

根据菊花花径大小可分为满天星和大花两个大区，在每个大区里又分为舌状花系与管状花系，最后又分成类与型。在满天星大区里，舌状花系有3类4型。在盘状花系里有1类2型。在大花区里，舌状花系有4类21型。盘花系里有3类3型。

有的把菊花分为5类30型，即平瓣类、匙瓣类、管瓣类、桂瓣类、畸瓣类。菊花种类不同，级别分类不同，如杭白菊分为特级、一级、二级；贡菊分为一级、二级、三级。其中特级杭白菊，花瓣清晰，花朵完整、均匀，冲泡后茶汤呈淡淡的黄色，上、中、下层颜色一致，晶亮透明，甘醇微苦。

采制过程

菊花品种繁多，采制过程分为采摘和制作两个工序。

采摘：采摘时间从霜降开始到立冬结束。采收标准为以花瓣舒展平直、花心散开70%，花色莹润洁白时采收。采收杭白菊时要选晴天露水干了以后进行。采收次数一般为三次。采收时按菊花是否完整将菊花分为特级、一级、二级。采收时的用具为竹编、筐篓等。

制作过程分为阴干、生晒、蒸晒、烘焙等。菊花的加工过程要求非常严格。

选购

首选又小又丑颜色略微发黄的菊花，有花萼，且花萼偏绿色的菊花为新鲜菊花，用手摸一下，感觉松软、顺滑，花瓣不凌乱、不脱落的菊花品质好。以下菊花不能选：颜色特别鲜艳、特别漂亮的菊花可能硫黄熏过；颜色发暗的菊花可能是陈年老菊花，有受潮、长霉的情况，这种菊花吃了对身体有害。

储存方法

菊花应放置在阴凉干燥处，密封保存能存一年左右，同时应注意防霉、防蛀。

菊花应尽早喝完，因为里面的挥发性有机物和维生素C会慢慢减少，如果没有办法一次泡完，那么家庭存放可以选塑料袋、铝箔袋贮存法，金属罐贮存法，冰箱冷藏或冷冻法。如果贮存期在六个月以内，密封包好后放入冷藏室内，温度控制在5℃以下；超过半年者，冷冻最好。

冲泡方法

选用干燥的菊花三、四朵，如果人多，可以再加几朵。然后将菊花放入玻璃杯用沸水冲泡，时间为3分钟左右；如果人多，可以用透明的茶壶，冲泡3分钟。冲泡好的菊花茶品饮时每次不要喝完，留下三分之一，再续水泡上片刻，再饮用。

注意事项

隔夜菊花茶不能饮用；夏季超过24小时的菊花茶不能饮用；脾胃虚寒者及孕妇不宜饮用。

茶博士TIPS

杭白菊有一个美丽的名字，叫千叶玉玲珑，这是因为它的花瓣洁白如玉、花蕊黄如纯金。但杭白菊并非产自杭州，而是产自浙江桐乡。这里面有一个故事，20世纪早期，茶商汪裕泰收购了桐乡白菊后，借西湖给白菊打上招牌“杭州西湖金伦茶菊庄”，出口到新加坡。有位商人姓梁，想跳过汪裕泰这个中间商直接到西湖收购白菊，可是到杭州找了很久无功而返。汪裕泰成功地阻止了梁老板的行为，从此杭白菊名扬四海了。

金银花茶：江南地方，以此代茶

金银花茶，属于花茶，由两种工艺制成，一种是用绿茶为茶坯，加鲜金银花按金银花茶窨制工艺制成；另一种是用干的金银花和绿茶拌和而成。金银花茶主要产地在河南封丘、山东平邑、河北巨鹿等地。

名茶历史

金银花在清代以前是作为药用的，在不同的历史时期以不同的部位入药。宋代以前只用茎、叶，宋代开始以花入药，清代开始金银花做茶饮用。民国时期，对不同产地的金银花做出优劣区分。2002年，国家卫生部明确了金银花既是食品又是药品，长期食用无毒副作用。

品质特征

上等的金银花茶，外形条索细直匀整，色泽灰绿油润，香气清纯隽永，汤色黄绿清澈，滋味醇厚甘爽鲜美，叶底嫩匀柔软。

品种等级

金银花茶按工艺不同分为两种，一种是窨制而成，一种是拌和而成。前者香气扑鼻，后者更有金银花的药效作用。金银花品种比较多，有红金银花、黄脉金银花和白银花等，其中白金银花香气最佳。窨制金银花茶要选择白金银花等品种，并且窨制要在开花当天。

金银花茶分为一级、二级、三级。

采制过程

金银花茶的制作过程分为四步，茶胚制备、银花采收、茶胚吸香、干燥包装。其中茶胚吸香这一步非常关键，一般按每10千克绿茶胚配用5～6千克鲜金银花。

选购

可以从金银花的外形、色、气、味等方面进行鉴别。

形：金银花长度为2～3厘米，膨大未开的花蕾多的为优质金银花茶。另外，观察金银花茶的完整度，有没有碎茶和其他杂质。

色：金银花表面呈黄白色或绿白色。冲泡后的茶汤是金黄色，略带绿色，明亮，清澈。如果金银花茶呈棕色或颜色发红，则是由山银花或红腺忍冬充当，或是储存不当造成。

气：金银花茶冲泡后气味清香、鲜灵、浓郁、纯正、持久。如果闻不到香气或香气低沉，则不是好茶。

味：味香醇，略有苦涩。劣质的金银花茶带酸味。

储存方法

家庭储存金银花茶用密封罐密封好或放在保鲜盒中，存放在阴凉干燥的地方。将金银花茶密封好存放在冰箱中，可以延长保存时间，一般可存放两年。需要注意，不要受潮，不要阳光直射，也不要放在靠近热源的地方。

冲泡方法

置茶：用茶匙取金银花茶2~3克放入杯中。

冲泡：将沸水放至90℃左右，冲泡金银花茶，立即加上杯盖，防止香气散失。

品尝：冲泡时，可以看到金银花茶在水中上下沉浮、茶叶徐徐展开，非常赏心悦目。冲泡3分钟后，打开杯盖一侧，可以闻到弥漫的香气，芬芳满室，可以深呼吸，愉悦身心。待茶汤稍凉时，小口慢慢品尝，在口中停留片刻，充分接触后再咽下，仔细品尝它的滋味纯正，香气芬芳。

注意事项

冲泡金银花茶一般选用透明玻璃茶杯。第一泡后，大概留汤三分之一再加开水，第二泡再留三分之一，第三泡时茶味淡薄，不再续水。如果三泡皆有茶香，茶形、滋味、香气俱佳者为金银花茶中的珍品。

茶博士TIPS

金银花茶具有疏热散邪的作用，还可以杀菌、解毒、止痢、凉血利咽、降血压、预防冠心病、心绞痛、脑血栓。同时对多种致病菌都有一定的抑制作用。此外，还可以消暑除烦、护肤美容、改善微循环、延缓衰老。但金银花性寒，脾胃虚弱者或虚寒体质者不宜常饮用。

图书在版编目（CIP）数据

茶道：从喝茶到懂茶 / 蓝戈著. -- 长春:吉林美术出版社, 2020.4（2023.4重印）

ISBN 978-7-5575-5291-6

Ⅰ. ①茶… Ⅱ. ①蓝… Ⅲ. ①茶文化—基本知识 Ⅳ. ①TS971.21

中国版本图书馆CIP数据核字（2019）第288993号

茶道：从喝茶到懂茶

CHADAO CONG HECHA DAO DONGCHA

著　　者　蓝　戈
出 版 人　赵国强
选题策划　鲍志娇
责任编辑　于丽梅
装帧设计　李劲松
内文排版　李劲松
出　　版　吉林美术出版社
发　　行　吉林美术出版社图书经理部
地　　址　长春市人民大街4646号
邮　　编　130021
电　　话　图书经理部　0431-82003699
网　　址　www.jlmspress.com
印　　刷　大厂回族自治县德诚印务有限公司
版　　次　2020年4月第1版
印　　次　2023年4月第3次印刷
开　　本　710mm × 1000mm　1/16
印　　张　11
印　　数　26 001-28 000册
书　　号　ISBN 978-7-5575-5291-6
定　　价　58.00元